温带森林土壤 N_2O 排放对氮素富集的响应及其驱动机制

卢明珠　方华军　程淑兰　著

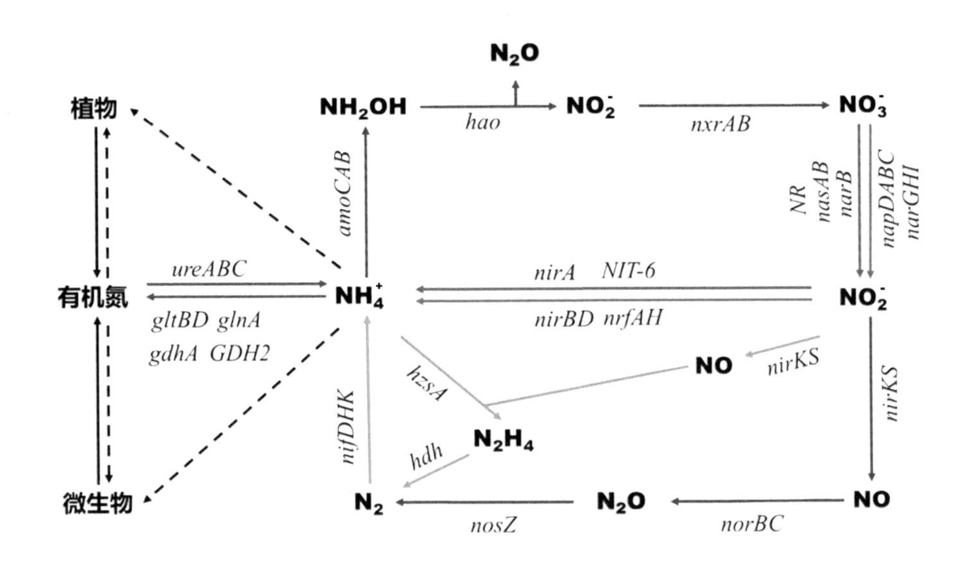

中国农业科学技术出版社

图书在版编目（CIP）数据

温带森林土壤N_2O排放对氮素富集的响应及其驱动机制 / 卢明珠，方华军，程淑兰著. -- 北京：中国农业科学技术出版社，2022. 4

ISBN 978-7-5116-5711-4

Ⅰ. ①温… Ⅱ. ①卢… ②方… ③程… Ⅲ. ①温带 - 森林土 - 一氧化二氮 - 释放（生物学）- 关系 - 土壤氮素 - 研究 Ⅳ. ①S714.3 ②S153.6

中国版本图书馆 CIP 数据核字（2022）第 039741号

责任编辑 申 艳
责任校对 李向荣
责任印制 姜义伟 王思文

出 版 者 中国农业科学技术出版社
北京市中关村南大街12号 邮编：100081
电 话 （010）82106636（编辑室）（010）82109702（发行部）
（010）82109709（读者服务部）
传 真 （010）82106636
网 址 http: // www.castp.cn
经 销 者 各地新华书店
印 刷 者 北京建宏印刷有限公司
开 本 170 mm × 240 mm 1/16
印 张 10.75
字 数 180千字
版 次 2022年4月第1版 2022年4月第1次印刷
定 价 68.00元

前　言

PREFACE

氧化亚氮（N_2O）是三大温室气体之一，土壤是主要的N_2O源。人类活动向大气中排放大量的活性氮随后沉降到地表，其数量和形态对陆地生态系统的结构和功能产生深远的影响。大气氮沉降能有效缓解陆地生态系统的氮限制，促进植物生长，增加生态系统净初级生产力和碳储量，但同时又能促进土壤N_2O的排放，导致由氮沉降产生的固碳潜力大部分被抵消。温带森林是氮沉降的集中区域，在未来氮沉降速率持续增加、形态比率变化的情景下，温带森林土壤N_2O排放将发生怎样的变化是十分重要的研究命题。以往关于N_2O排放对氮沉降的响应研究已有较多的案例，但相关认识多基于短期的施氮试验，对高剂量、长时期的响应特征知之甚少，并且增氮控制试验鲜有区分氧化态、还原态、有机态氮输入影响的差异。此外，工业化进程和农业NH_3排放得到控制，显著降低了大气沉降NH_4^+/NO_3^-比，森林土壤N_2O排放如何响应这一变化尚未得到应有的关注，有关土壤N_2O与功能微生物群落之间的耦联关系尚未形成普适性结论。系统、准确地量化氮素剂量、形态以及不同形态氮素输入比率变化对土壤N_2O排放的影响，对优化陆地生态系统过程模型、准确评估生态系统“氮促碳汇”潜力具有重要意义。

本书以长白山阔叶红松林为研究对象，结合野外长期控制试验和室内微宇宙培养试验，综合运用^{15}N示踪技术和宏基因组学等技术，深入系统研究了外源性氮素（形态、剂量、组成比率）对土壤N_2O排放、关键产生过程和功能微生物群落的影响，探讨了氮素富集背景下温带森林土壤N_2O排放的微生物机制。

本书共分6章。第1章概述了研究的背景与意义，综述了该领域的研究进展，提出现有研究的薄弱环节；第2章基于长期的野外氮添加控制试验，研究了温带森林土壤N_2O排放对增氮响应的季节动态、年际变异特征及其环境驱动因子；第3章运用^{15}N示踪技术研究了土壤氮初级转化速率对增氮的响应及其与N_2O排放的关系；第4章通过室内微宇宙培养试验，运用实时荧光定量PCR（qPCR）和16S/ITS高通量测序技术，研究了土壤N_2O排放对氮素剂量和形态的响应及其微生物学机制；第5章运用宏基因组测序技术，研究了土壤N_2O排放对NH_4^+/NO_3^-输入比率变化的响应及其微生物学驱动机制；第6章对全文进行了总结和展望。

本书得到了国家自然科学基金（41977041，31770558）、中国科学院战略性先导科技专项（XDA28130100）、科学技术部第二次青藏高原综合科学考察研究（2019QZKK1003）、青海省“高端创新人才千人计划”领军人才项目（2019）、吉安市科技局重点研发计划（2021）、江西省科技厅中央引导地方科技发展资金项目（20111ZDF04022，20202ZDA02008）和井冈山国家农业高新技术产业示范区科技计划项目（2021）资助，作者在此表示衷心感谢。

由于作者水平有限，书中难免存在疏漏和不妥之处，敬请读者批评指正。

作　者

2022年1月

目　录

CONTENTS

第1章

绪　论

1.1　研究背景与意义

大气中的氧化亚氮（Nitrous oxide，N_2O）是仅次于CO_2和CH_4的第三大温室气体，不仅寿命长（116 a），而且能与大气中其他化学成分发生光化学反应。在百年时间尺度上，N_2O的全球增温潜势（Global warming potential，GWP）是CO_2的273倍（IPCC，2021）。此外，N_2O已经成为21世纪引起臭氧层破坏的主要物质（Ravishankara et al.，2009）。从1860年到2017年，人类活动强度的增加导致全球大气中的N_2O浓度增加了22%，高达329.9 μg · kg^{-1}，约占全球温室气体辐射强迫的6%，并且仍以每年0.93 μg · kg^{-1}的速度攀升（WMO，2018）。

除N_2O外，人类活动还会产生并排放大量的活性氮（Reactive nitrogen，RN）到大气中，再通过降水、降尘等方式降落到地表，其数量和形态影响生态系统的功能及稳定性。工业革命以来，化石燃料燃烧、化学氮肥的生产和施用、畜牧业的迅猛发展等一系列人类活动导致大气氮沉降量急剧增加（Galloway et al.，2008）。目前全球平均氮沉降通量已超过10 kg · hm^{-2} · a^{-1}，预计到2050年将达到50 kg · hm^{-2} · a^{-1}（Galloway et al.，2008）。我国是继欧洲、北美之后的全球第三大氮沉降区（Dentener et al.，2006），截至2000年，氮沉降速率已由1980年的13.2 kg · hm^{-2} · a^{-1}增加到21.2 kg · hm^{-2} · a^{-1}，除华北、东南、西南地区外，东北也是大气氮沉降显著增加的区域（Liu et al.，2013）。大气氮沉降的形态包括有机态和无机态（包括还原态氮NH_4^+-N和氧化态氮NO_3^--N），其中有机态氮占25%～35%，而无机氮沉降又以还原态氮为主（Cornell，2011）。随着经济社会发展方式的转型和减排措施的广泛实施，近年来，我国氮沉降中NH_4^+/NO_3^-比呈现逐渐降低的趋势（Liu et al.，2013；Yu et al.，2018）。然而，当前绝大部分研究聚焦于监测无机氮的沉降速率并分析其生态效应（Frink et al.，1999），而对有机态氮沉降、不同形态氮沉降的差异性影响以及沉降氮组成比率变化产生的生态效应缺乏系统性的认识，导致无法准确评估大气氮沉降对陆地生态系统结构和功能的影响，相关思想也没有融入陆地生态系统过程模型中。

全球每年排放到大气中的N_2O约为27.8 Tg，其中69%来自土壤（IPCC，1996）。尽管30°以上的中高纬度地区占据着近一半的陆地面积，但全球85%的自然植被土壤N_2O产生于30ºS ~ 30ºN的地带（Bouwman et al.，1995），因此相对于热带森林而言，对中高纬度森林土壤N_2O排放关注较少（Koehler et al.，2009）。然而，据估计，全球每年2 ~ 4 Pg的“碳（C）失汇”主要分布在中高纬度森林地区，温带森林是全球中高纬度森林的重要组成部分，占全球森林总面积的18.3%（Lal et al.，2005），碳储量约61 Pg，占全球森林总碳储量的10%（Myneni et al.，2001；Lal et al.，2005）。大气氮沉降能有效缓解氮限制并促进植物生长，增加净初级生产力和生态系统碳储量，能够部分解释“碳失汇”的潜在分布（Mäkipää et al.，1999）。同时，氮沉降对N_2O的排放具有显著的促进作用，这一效应导致由氮沉降产生的固碳潜力被抵消53% ~ 76%（Liu et al.，2009）。温带森林是受氮限制的陆地生态系统，大气氮沉降引发碳储量增加157 Tg（de Vries et al.，2014），但对其负效应的认识还不够深入（Aber et al.，1989）。因此，阐明N_2O排放对氮沉降的响应规律是准确评估生态系统固碳潜力的前提（Janssens et al.，2009）。考虑到温带森林是全球氮排放、氮沉降较为集中的区域（Galloway et al.，1996），在未来氮沉降速率持续增加、形态比率变化的情景下，研究温带森林土壤N_2O排放及其响应机理至关重要。

1.2 土壤N_2O排放对增氮剂量和形态的响应研究现状

1.2.1 土壤N_2O排放对增氮的剂量依赖关系

1.2.1.1 土壤N_2O排放对增氮剂量的线性和非线性响应

全球控制试验结果的整合分析显示，增氮倾向于促进土壤N_2O排放，平均增加215%（Liu and Greaver，2009）。大量研究证实，N_2O的排放对氮输入具有剂量依赖性。早期多个研究发现土壤N_2O排放量与氮输入剂量正相关（Hoogendoorn et al.，2008；Snyder et al.，2009）；通过建立N_2O排放量与氮添加剂量之间的线性方程，方程的斜率即为N_2O的排放系数（Emission factor，EF），被广泛用于量化外源输入的氮素以N_2O形式释放的比例（Bouwman，1996；IPCC，1996；Dobbie et al.，1999）。全球土壤N_2O排放系数为0.5%～10.3%（Cardenas et al.，2010；Liu et al.，2012）。然而，近年来，越来越多的研究指出，土壤N_2O排放与氮输入剂量之间的关系是非线性的，包括指数型（McSwiney and Robertson，2005；Grant et al.，2006；Cardenas et al.，2010；Hoben et al.，2011）、双曲线型（Breitenbeck and Bremner，1986；Lin et al.，2011），以及“S”型（Snyder et al.，2009；Kim et al.，2013；Gu et al.，2019）。基于非线性模型，EF值会随着施氮剂量的变化而变化，即EF非定值（Kim et al.，2013；Gu et al.，2019）；并且在高剂量氮输入的条件下，基于线性模型估计的EF值会明显低估N_2O排放量（Hoben et al.，2011）。理论上，低剂量的氮输入可以满足氮匮乏生态系统中植物和微生物生长对氮素的需求，N_2O排放量受控于植物和微生物对氮素的竞争利用情况，通常呈现对施氮剂量的线性响应（Kim et al.，2013）。当外源性氮输入超过植物和微生物的需求量时，土壤氮淋失和N_2O排放量将呈指数型急剧增加（McSwiney and Robertson，2005；Hoben et al.，2011）。当氮输入剂量远远超过植物和微生物的吸收利用能力时，土壤N_2O排放量逐渐趋于稳定、饱和的状态（Kim et al.，2013；Gu et al.，2019）。因此，当试验设计的氮梯度范围足够宽时，我们能同时观测到低剂量下N_2O急剧增加阶段以及高剂量下土壤N_2O稳定阶段，N_2O响应曲线呈现双曲线或“S”型。

1.2.1.2　土壤N_2O排放对增氮剂量的响应阈值

我们将触发土壤N_2O显著增加的氮剂量定义为“响应阈值”（Response threshold）。土壤N_2O排放的响应阈值可能为15 $kg \cdot hm^{-2} \cdot a^{-1}$（Hall and Matson，1999）、30 $kg \cdot hm^{-2} \cdot a^{-1}$（Geng et al.，2019）、45 $kg \cdot hm^{-2} \cdot a^{-1}$（Hoben et al.，2011）、50 $kg \cdot hm^{-2} \cdot a^{-1}$（Peng et al.，2011）、70 $kg \cdot hm^{-2} \cdot a^{-1}$（Cheng et al.，2016）、80 $kg \cdot hm^{-2} \cdot a^{-1}$（Malhi et al.，2006），甚至达到

101 kg · hm^{-2} · a^{-1}（McSwiney and Robertson，2005）。土壤N_2O排放的响应阈值取决于植物和微生物对土壤有效氮的竞争性利用。除了考虑土壤N_2O快速增长这一特征外，响应阈值还可认为是植物生产力（或作物产量）最高且不致引起土壤N_2O剧烈排放，即两者之间达到平衡时的施氮剂量。例如，McSwiney和Robertson（2005）研究发现，当施氮剂量处于0 ~ 101 kg · hm^{-2} · a^{-1}时作物产量呈线性增加，说明作物对土壤氮的吸收能力超过了微生物群落利用；但是，在此区间内土壤N_2O排放量随施氮剂量呈线性增加，说明微生物对土壤有效氮也存在一定程度的利用；当施氮剂量超过101 kg · hm^{-2} · a^{-1}以后，作物产量达到稳定状态，微生物对氮素的利用占优势，土壤N_2O排放量急剧增加，此时101 kg · hm^{-2} · a^{-1}被界定为土壤N_2O排放的响应阈值。

1.2.1.3 土壤N_2O排放的饱和剂量

我们将土壤N_2O排放量由增加转为稳定或降低时的氮输入剂量定义为“饱和剂量”（Saturation dose）。N_2O饱和剂量存在以下潜在机制。一是N_2O是硝化、反硝化微生物代谢过程的产物，其产生和排放速率不仅受控于土壤氮素有效性，同时也受到其他养分和能量供应如土壤有机碳含量（Soil organic carbon，SOC）、磷（Phosphorus，P）有效性、土壤含水量、土壤温度和pH等环境条件的影响。当外源氮输入量充分满足了氮转化微生物对氮素的需求，土壤微生物活性由受氮限制转变为受其他因素限制，N_2O排放量趋于稳定甚至有可能降低（Peng et al.，2011）。二是过量的氮素输入可能对微生物代谢产生胁迫。例如，土壤中NH_4^+浓度过高会导致土壤溶液渗透压增加，引起硝化微生物生理性干旱进而降低其活性（Webster et al.，2005；Tourna et al.，2010；Zhang et al.，2021）。三是土壤养分保持能力的有限性决定了过量的氮素会通过淋失等非生物过程快速从土体排出，并未参与微生物代谢，因而过量的氮输入不影响土壤N_2O的排放（Gu et al.，2019）。因此，土壤N_2O饱和剂量的高低由植物、微生物的氮素需求量和土壤特定的物理结构和化学属性所形成的养分保持能力共同决定。一些研究显示，土壤N_2O排放的饱和氮添加剂量可能为32 ~ 64 kg · hm^{-2} · a^{-1}（Gu et al.，2019）、75 kg · hm^{-2} · a^{-1}（Hall and Matson，1999）、200 kg · hm^{-2} · a^{-1}（Peng et al.，2011）。

1.2.1.4 氮输入剂量与持续时间对土壤N_2O排放的影响——区别与联系

土壤N_2O排放特征会随着氮沉降的持续而发生变化，而且短暂的、间断的与长期的、持续的氮输入对土壤N_2O排放的影响及其机制截然不同。全球控制试验结果整合分析表明，施氮初期比后期对N_2O的促进作用更为显著（Liu et al.，2009；Peng et al.，2011）。但是，也存在施氮初期效应不明显，而随着施氮时间的延长土壤N_2O排放量逐渐增加的现象（Fenn et al.，1996；Magill et al.，1997；Gundersen et al.，1998；Hall and Matson，1999；Geng et al.，2019）。上述迥异的结果归因于土壤氮含量背景值不同，氮含量高的土壤N_2O排放对氮输入响应迅速，而氮含量低的土壤响应迟缓。短期或一次性氮输入（如施肥、氮添加控制试验）通常会引起土壤N_2O脉冲式排放，多年后输入的氮素将被植物和土壤有机质固定而使其影响逐渐消失（Aber et al.，1989）；相反持续的氮输入（如大气氮沉降）可能会引起激发效应，持续促进土壤有机氮的矿化，提高土壤氮含量和有效性（Kuzyakov et al.，2000），最终超过植物、土壤和微生物的吸收和持留能力，进而引发土壤-大气界面气态氮的大量释放（Aber et al.，1989）。因此，持续低剂量的氮输入不仅最终产生与单次高剂量的氮输入相似的生态后果，而且对生态系统的影响更为深远，不可忽略。

必须指出，本文所指的“N_2O饱和剂量”与Aber等（1989，1998）定义的“氮饱和”不同。Aber等（1989，1998）提出，当土壤有效氮（NH_4^+-N和NO_3^--N）含量超过植物和微生物养分同化量时，生态系统达到“氮饱和”状态，表现出土壤NO_3^--N淋失量和N_2O排放量急剧增加净初级生产力（Net primary productivity，NPP）降低，植物群落退化等特征。二者的区别在于：第一，“氮饱和”是对生态系统整体状态的定义，需要用多个指标综合界定，而“N_2O饱和剂量”是仅针对土壤N_2O排放量的定义，指标单一、易于界定；第二，“氮饱和”用以描述长期持续的、不断增加的大气氮沉降引起的生态系统状态的变化，是纵向的、动态的，而“N_2O饱和剂量”是对特定时间断面不同剂量氮输入（如不同氮沉降量或不同施肥量）效应的比较，是横向的、静态的。二者的联系在于均通过土壤氮素有效性发挥作用，根据定义，生态系统“氮饱和”时的土壤氮状态对应于N_2O排放“响应阈值”出现时的氮状态，因而理论上生态系统达到“氮饱和”时的土壤氮素有效性远低于达到“N_2O饱和剂量”时的土壤氮素有效性（图1.1）。

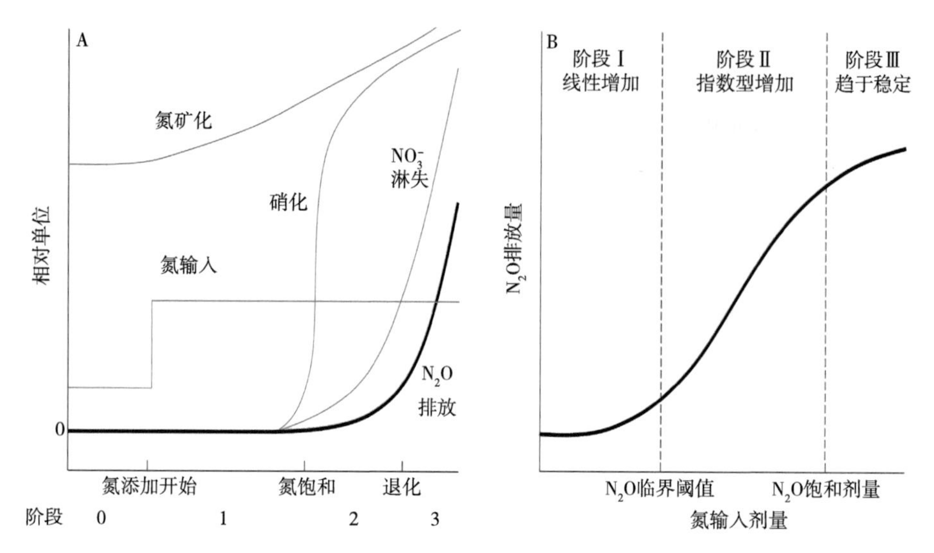

图1.1　增氮条件下生态系统氮饱和阶段（A）与N_2O响应阈值、饱和剂量（B）

注：图A改自Aber等（1998）；图B改自Kim等（2013）。

1.2.2　土壤N_2O排放对增氮形态的差异性响应

尽管增氮一致促进土壤N_2O的排放，但由于不同形态氮素参与土壤氮转化的过程和媒介不同，因而影响机制也截然不同。对涵盖所有陆地生态系统类型的观测和试验集成分析发现，总体上施氮倾向于促进土壤N_2O排放，平均增加215%（Liu and Greaver，2009），但增幅因氮素形态而异。过去研究发现，NH_4^+-N输入对土壤N_2O排放促进作用最强（Breitenbeck et al.，1980；Flessa et al.，1996；Smart et al.，1999；Peng et al.，2011；Deng et al.，2020）；相反，Liu和Greaver（2009）对全球313个观测结果进行整合分析，发现NO_3^--N在所有形态的氮素中作用最显著，平均导致土壤N_2O排放量增加493%，这可能与整合分析所涉及的研究多为湿地土壤以及降水量高的地区有关。在土壤含水量较低的内蒙古草地［最高7月，<40%WFPS（Water filled pore space）］，施用硝酸铵钙和硫酸铵的土壤N_2O排放量显著高于施用硝酸钠的土壤，说明硝化作用是N_2O的主要来源

（Peng et al.，2011）。在热带森林中，源于NO_3^-输入的N_2O增加量是NH_4^+输入的4～5倍（Keller al.，1988），原因是水分含量高的土壤环境更适宜反硝化作用的发生，但对硝化反应十分不利。因此，在探讨氮素类型对N_2O的影响时必须同时考虑环境因子的耦合作用。与无机态氮输入相比，有机态氮由于挥发性弱、底物可利用性高而更有利于土壤N_2O产生（Dobbie and Smith，2003；Liu and Greaver，2009；Lian et al.，2018；Deng et al.，2020）。由于有机氮在矿化、氨化、硝化、反硝化等一系列过程中均能改变土壤pH和NH_4^+/NO_3^-比值等土壤属性，因此其作用机制也更为复杂。

NH_4^+-N输入促进土壤N_2O排放机理归因于以下4个方面：一是NH_4^+-N输入为硝化微生物群落提供底物，直接促进土壤硝化过程的进行（Bremner and Blackmer，1978；Flessa et al.，1996；Arah et al.，1997；McTaggart et al.，1997；Stevens and Laughlin，1997）；二是相对于NO_3^-，土壤微生物更倾向于优先同化NH_4^+（Jansson et al.，1955；Azam et al.，1993），因此NH_4^+-N输入有利于微生物的生长繁殖，提高微生物活性，加速有机质分解和N的矿化，为硝化过程提供更多的底物来源（Jansson et al.，1955；Azam et al.，1995）；三是NH_4^+-N经过硝化反应生成NO_3^--N，为反硝化过程提供底物，促进反硝化过程的进行（Azam et al.，2002；Del Prado et al.，2006）；四是微生物优先利用NH_4^+-N而使活性快速提高，增加氧气消耗量而在土壤团聚体内部形成"厌氧微环境"，为反硝化的发生提供有利条件（Williams et al.，1998）。因此，在NH_4^+-N能快速被氧化为NO_3^--N的情况下，NH_4^+-N添加的同时若有充足的碳源供应，N_2O可能更多来源于反硝化而不是硝化作用。NO_3^--N输入引起土壤N_2O排放量增加主要机理包括以下两个方面：一是NO_3^--N为反硝化微生物直接提供底物，促进反硝化过程的进行，进而增加N_2O的产生；二是NO_3^--N增加使N_2O的还原过程受到抑制，进而减少N_2O的消耗。N_2O被还原为N_2是反硝化过程的最后一步，也是土壤中消耗N_2O的主要过程，这一过程主要由*norZ*来负责；研究发现，NO_3^--N增加会降低*norZ*的丰度，进而导致土壤N_2O累积（Blackmer and Bremner，1978；Huang et al.，2014）。

过去的氮添加试验更多关注无机态氮（如NH_4NO_3）对N_2O排放的影响（Chen et al.，2019；Geng et al.，2019；Tian et al.，2019；Wang et al.，2019），少许研究涉及有机态氮（如尿素）输入的生态效应（Chen et al.，2013；

Gu et al.，2019）。然而，有机氮沉降占总氮沉降量的25%～35%（Cornell，2011），采用单一形态的氮肥（如有机氮或无机氮）添加来评估氮沉降对土壤N_2O排放的影响是不准确的，须区别对待独立分析，而且不同形态氮素输入比率变化产生的生态效应尚未见报道。

1.2.3 土壤N_2O排放对增氮剂量和形态的响应机制与调控因素

1.2.3.1 介导N_2O产生的微生物学过程及其功能类群

全球65%以上的N_2O主要来源于土壤硝化（$NH_4^+ \rightarrow NO_3^-$）和反硝化（$NO_3^- \rightarrow N_2$）两个过程（Bouwman et al.，1990；Barnard et al.，2005）。自然状态下，土壤N_2O产生和排放受温度、水分、土壤性质、底物状况等多种因素联合控制，土壤N转化和N_2O产生是微生物介导的过程，因此凡是对微生物组成和活性产生影响的环境因子都会对其发挥作用（Robertson et al.，1989）。固有的空间异质性以及气候条件、土壤类型和养分状况等环境因子的联合作用，导致土壤N_2O排放对外源性氮输入的响应十分复杂。

硝化和反硝化过程是土壤N_2O产生的两个主要过程（图1.2）。硝化作用是指土壤中硝化微生物将NH_4^+转化为NO_3^-的过程，包括自养硝化和异养硝化。在好氧条件下，自养氨氧化菌将NH_4^+-N氧化为NO_2^--N，异构亚硝酸盐还原酶（*nir*）利用NO_2^-作为电子受体产生N_2O；异养硝化细菌通过羟胺氧化酶（*hao*）的催化作用，将氨氧化过程的中间产物羟胺转化为亚硝酸盐和N_2O（Hu et al.，2015）。反硝化作用是指在通气不良的条件下，由土壤微生物将硝酸盐还原成N_2或中间产物NO和N_2O的过程。催化反硝化过程的酶有4种：硝酸还原酶（*narG*、*napA*）、亚硝酸还原酶（*nirK*、*nirS*）、一氧化氮还原酶（*nor*）和氧化亚氮还原酶（*nosZ*）（图1.2）。一般认为，大部分反硝化微生物能将NO_3^-还原为NO_2^-，但能还原N_2O的微生物数量则相对较少，导致反硝化过程中释放N_2O（Bollag and Tung，1972；Jungkunst et al.，2008；Vaccare et al.，2019），但深层土壤中30%～80%的N_2O在扩散到大气之前被还原为N_2（Clough et al.，2005）。

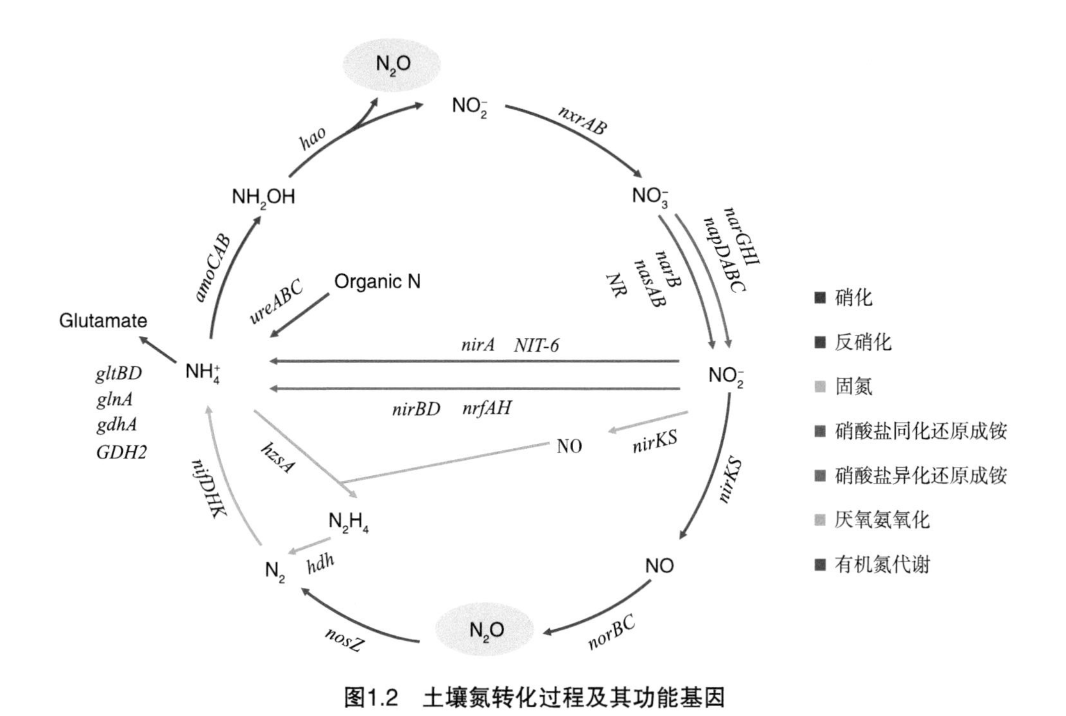

图1.2 土壤氮转化过程及其功能基因

注：改自代海涛（2021）；KEGG官网（https://www.kegg.jp/）。

（1）硝化过程及其功能微生物群落 硝化过程的第一步氨氧化过程（$NH_3 \rightarrow NH_2OH/HNO \rightarrow NO_2^-$）由*amoA*基因编码的氨单加氧酶催化，*amoA*基因通常存在于两种不同的微生物类群中，即氨氧化细菌（AOB）和氨氧化古菌（AOA）。AOB属于两个单系群：β-或γ-变形菌（Purkhold et al.，2000），AOA属于奇古菌门（Thaumarchaeota）（Brochier-Armanet et al.，2008）。硝化过程第二步（$NO_2^- \rightarrow NO_3^-$）由亚硝酸盐氧化细菌（NOB）类群中*nxrB*基因编码的亚硝酸盐氧化还原酶催化（Freitag et al.，1987）。氨氧化过程被认为是整个硝化过程的限速步骤（Kowalchuk and Stephen，2001），因而对硝化源N_2O排放至关重要。据估计，氨氧化可导致高达80%的土壤N_2O排放，具体贡献率取决于特定的土壤类型、温度和水分含量（Gödde and Conrad，1999）。经典理论认为，N_2O是羟胺（NH_2OH）、硝基氢化物（HNO）或NO_2^-化学分解的副产物。随着同位素探针技术（Stable isotope probing，SIP）的长足进步，研究证实了AOB培养基可直接产生N_2O（Shaw et al.，2006）。AOB生成N_2O的主要途径与好氧条件下氨氧化的第二步NH_2OH转化为NO_2^-有关。NH_2OH被*hao*基因编码的羟胺氧化还原酶（HAO）氧化为NO，然后由*cnorB*、*qnorB*或*norYS*基因编码的一氧化氮还原酶催化还原为N_2O。通过NH_2OH产生N_2O的这一机制尚未完全确定，仍然存在争论（Schreiber et al.，2012）。大多数介导氮循环的微生物都可参与NO_2^-还原为NO和N_2O的过程，但是由NH_2OH产生N_2O的过程则完全由AOB承担（Schreiber et al.，2012）。此外，甲烷氧化菌也能够氧化氨和羟胺，并且在分离培养和稻田试验中已经证明了甲烷氧化细菌通过氨氧化途径对N_2O产生具有显著的贡献（Bender and Conrad，1992；Sutka et al.，2006）。

最初，主流研究观点认为氨氧化过程（即硝化源N_2O的产生）完全由AOB完成，随着Lund等（2012）发现AOA菌株中也携带*amoA*和*nirK*基因，硝化源N_2O的微生物过程得到扩展，继而从农田土壤和海洋环境中纯化得到AOA菌群，包括*Nitrosopulimus*、*Nitrosotalea*和属于奇古菌门Thaumarchaeota的*Nitrososphaera*等菌属，均能产生N_2O（Kim et al.，2012；Jung et al.，2014）。陆地生态系统中AOA在数量上远远超过AOB（Leininger et al.，2006；Hu et al.，2013），并且AOA在氨氧化过程中表现出高代谢活性（Zhang et al.，2012），因而有研究猜测AOA在土壤N_2O生成中可能比AOB发挥更重要的作用（Stieglmeier et al.，2014）。

增氮通过改变微生物丰度、活性及群落结构，驱动土壤氮形态转化，进而决定土壤N_2O来源及交换通量。Treusch等（2010）对土壤微宇宙中*amoA*基因表达进行定量分析，发现土壤NH_4^+浓度增加时*amoA*基因表达也明显增加。但不同土壤类型中AOA和AOB对于施氮的响应不同。在富氮的酸性森林土壤中，高氮输入显著增加了AOA的丰度，但是不影响或略微降低土壤AOB基因丰度（Isobe et al.，2012，Han et al.，2019）。在中性及碱性土壤中，施肥尤其是高剂量氮肥的输入会明显改变AOB的群落组成并增加其数量，但对AOA没有产生显著的影响（Shen et al.，2011）。AOA是水稻土根际氨氧化微生物的优势种群，且AOA可能比AOB更易受土壤氧含量的影响（贺纪正和张丽梅，2013）。

（2）反硝化过程及其功能微生物群落　反硝化是一个由多种微生物功能群参与的多步骤反应，在厌氧环境下氧化态氮（NO_3^-和NO_2^-）被还原为气态氮（NO、N_2O和N_2），是一个重要的微生物呼吸过程（Philippot et al.，2007）。然而，从土壤和沉积物中进行分离纯化反硝化菌的生理学研究表明，厌氧反硝化过程也可在有氧条件下发生（Patureau et al.，2000），甚至可在干旱半干旱地区强降水形成的厌氧微环境中发生（Abed et al.，2013）。在细菌反硝化过程中，第一步NO_3^-被还原为NO_2^-，由*narG*或*napA*基因编码的硝酸盐还原酶催化；第二步NO_2^-被继续还原为NO，由*nirK*和*nirS*基因编码的两种完全不同亚硝酸盐还原酶催化；第三步NO被进一步还原为N_2O，由*cnorB*或*qnorB*基因编码的一氧化氮还原酶催化，最后一步N_2O被还原为N_2，由*nosZ*基因编码的氧化亚氮还原酶进行催化。除反硝化细菌外，在多种土壤环境尤其是在半干旱地区（Crenshaw et al.，2008）、热带泥炭地（Yanai et al.，2007）以及森林和草地生态系统（Laughlin and Stevens，2002；Prendergast-Miller et al.，2011），真菌在异养反硝化和N_2O产生过程中也发挥着重要的作用（Thamdrup，2012）。真菌反硝化系统包含可将NO_2^-还原为N_2O的含铜亚硝酸盐还原酶（由*nirK*基因编码）和细胞色素P450一氧化氮还原酶（Shoun et al.，2012），但由于真菌通常缺乏将N_2O还原为N_2的*nosZ*基因，因而N_2O即为真菌反硝化的最终产物（Baggs，2011；Philippot et al.，2011）。在反硝化基因中，*nirS*、*nirK*和*nosZ*基因比其他反硝化基因（如*napA*、*narG*和*cnorB*）在野外调查和室内微宇宙培养试验中受到更多的关注，其丰度、结构、表达和代谢活性可作为土壤中反硝化源N_2O通量的潜在衡量指标（Morales et al.，2010）。（*nirK*+*nirS*）/*nosZ*基因拷贝数比率高的土壤可能具有较高的N_2O产生和排放水平，反之亦然。然而，含铜的亚硝酸盐还原酶（*nirK*编码）和含血红素的细胞色素cd1亚硝酸盐还原酶（*nirS*编码）是此消彼长的关系，从未在同一细胞中发现（Zumft，1997）。另外，含*nirS*或*nirK*的反硝化微生物中，近1/3（如*Agrobacterium tumefaciens*和*Thauera*属内的一些类群）因缺乏*nosZ*基因而不具备还原N_2O的能力（Philippot et al.，2011；Bakken et al.，2012）。分子生物学研究还证实，与其他反硝化基因相比，*nosZ*的丰度要低得多（Bru et al.，2011），在不同的土壤环境中*nirS*和*nirK*的拷贝数可以超过*nosZ*一个数量级（Philippot et al.，2011）。*nosZ*基因的数量和活性可作为指示N_2O通量的独立指标。例如，大田原位试验和微宇宙试验研究发现，N_2O通量和N_2O/（N_2+N_2O）的比率与*nosZ*基因丰度和其转录拷贝数呈负相关（Philippot et al.，2009），并受农田中含*nosZ*的反硝化微生物群落结构调控（Cavigelli and Robertson，2000）。系统发生学分析表明，属于Bacteroidetes、Gemmatimonades和*δ*-proteobacteria等门类的反硝化微生物是土壤生态系统中N_2O还原细菌（即含*nosZ*基因）的重要成员（Jones et al.，2013）。

N_2O既是异养反硝化的中间产物，也是最终产物，因此土壤可能是N_2O的源也可能是N_2O汇，这取决于N_2O产生和还原酶的相对代谢活性。以往研究表明，异养反硝化作用可以在低pH和低O_2土壤中产生大量N_2O（Anderson et al.，1993；Wrage et al.，2001），而在矿质氮含量低、碳含量高的草地和森林土壤中常表现为N_2O的净消耗（Kool et al.，2010）。相似地，室内微系统试验和分离培养也发现低O_2和低pH的土壤环境会抑制*nosZ*基因的表达（Bergaust et al.，2010；Schreiber et al.，2012），并且与其他反硝化基因相比，*nosZ*基因对O_2更为敏感（Chapuis-Lardy et al.，2007）。因此，厌氧或酸性土壤可能是N_2O排放的热点区域，而好氧、低氮和高碳条件可能有利于N_2O的消耗。

（3）其他N_2O产生过程及其功能微生物　除受到广泛认可的硝化和反硝化过程外，近年来的实验室培养和野外原位试验进展以及快速发展的DNA/RNA SIP、高通量测序技术，深入揭示了过去未发现的与N_2O产生相关的微生物种群（Baggs，2011）。根据Hu等（2015）的总结，几乎所有参与氮素生物地球化学循环的微生物类群均具备催化N_2O产生的能力，而且这些过程通常因共享底物或产物而紧密联系在一起（图1.3）。除氨（羟胺）氧化和异养反硝化两个过程外，硝化细菌反硝化（Wrage et al.，2001）、亚硝酸盐氧化、厌氧氨氧化（anammox）以及硝酸盐异化还原成铵（DNRA）等过程均能产生N_2O。

一是硝化细菌反硝化过程（$NH_3 \rightarrow NH_2OH \rightarrow NO_2^- \rightarrow NO \rightarrow N_2O$）（Wrage et al.，2001）。在这一途径中，NH_3被氧化成NO_2^-，并进一步由亚硝酸盐还原酶还原为NO，进而由一氧化氮还原酶还原为N_2O，整个过程完全由AOB承担。尽管有研究指出AOB有可能产生N_2（Wrage et al.，2001），但在AOB基因组中并未发现编码氧化亚氮还原酶的同源基因（Shaw et al.，2006），因此AOB可能是净N_2O生产者而不参与N_2O消耗（Richardson et al.，2009）。硝化细菌反硝化最初被认为是在缺氧条件下由*Nitrosomonas europaea*单独完成，但最近的生理学研究将其扩展到好气条件以及*Nitrosomonas europaea*的所有主要系统发育簇，表明通过硝化细菌反硝化产生N_2O是AOB的普遍特征，并且可能不是严格的厌氧过程（Shaw et al.，2006）。硝化细菌反硝化可能是AOB的解毒过程，以抵消硝化过程中亚硝酸盐积累引起的毒性效应，并通过去除NOB的亚硝酸盐底物来减少对O_2的竞争（Beaumont et al.，2004）。因此，当AOB面临不利条件时，硝化细菌反硝化途径可能非常重要。例如，在低有机碳含量、低O_2水平和低pH条件下，硝化细菌反硝化作用可能是N_2O的重要来源（Wrage et al.，2001），而N_2O的氨氧化途径则在高氨含量、低亚硝酸盐浓度和高硝化速率的环境中更为重要（Wunderlin et al.，2012）。

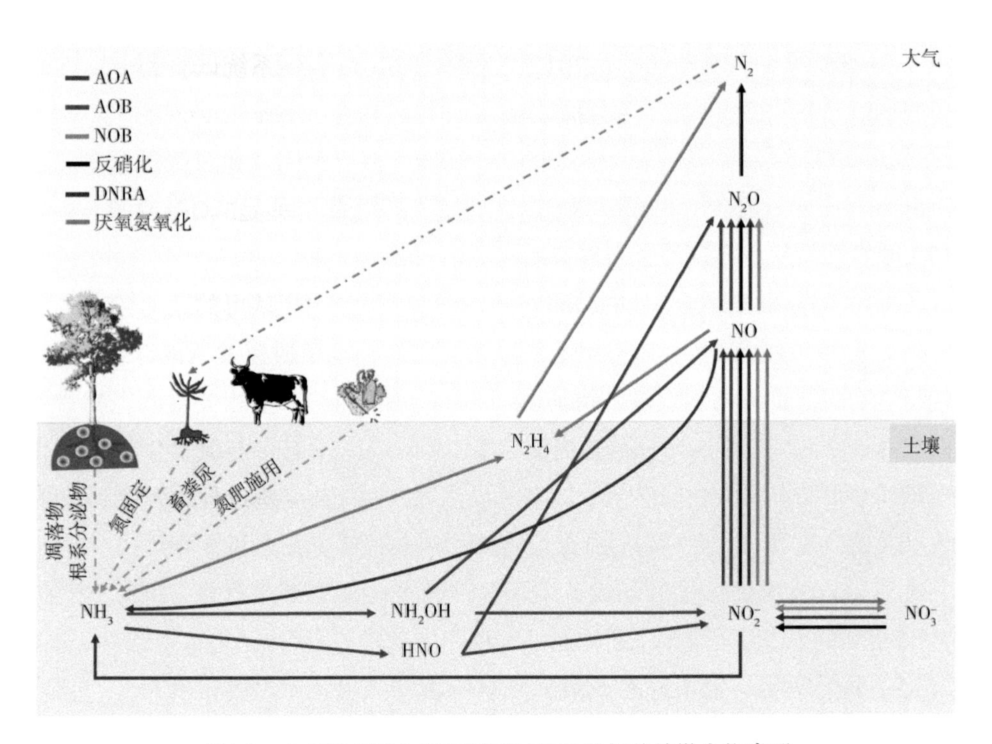

图1.3　土壤N_2O产生和氮循环过程及其相关的微生物类群

注：改自Hu等（2015）。

二是厌氧氨氧化过程［（$NO_2^- \rightarrow NO$）$+ NH_4^+ \rightarrow N_2H_4 \rightarrow N_2$］。亚硝酸盐还原产生的NO与作为电子供体的铵组合，形成肼（N_2H_4），随后被进一步氧化为N_2，整个过程由从属于Planctomycetes（门）Planctomycetales（目）生长缓慢的厌氧氨氧化菌介导（Kartal et al.，2013）。中间产物NO是AOA、AOB、NOB、反硝化菌或DNRA细菌中一氧化氮还原酶的重要底物，但不能被厌氧氨氧化菌直接还原（Strous et al.，2006）。与异养反硝化相比，厌氧氨氧化对干旱土壤结皮中N_2O-N损失的贡献可以忽略不计（Abed et al.，2013）；生理学研究发现厌氧氨氧化微生物可以耐受高水平的NO而不激活NO的解毒机制（Strous et al.，2006）。

三是DNRA过程。使用NO_3^-作为电子受体将NO_3^-还原为NO_2^-并进一步还原为NH_4^+的过程即DNRA过程，是土壤中N_2O的一个重要来源（Rütting et al.，2011），但这一过程在大多数研究和模型构建中经常被忽略（Baggs et al.，2011）。在缺氧条件下，NO的形成由编码细胞色素c亚硝酸盐还原酶的*nrfA*和*nirB*基因介导，并进一步产生NO解毒酶（Corker and Poole，2003；van Wonderen et al.，2008）。一些参与DNRA过程的细菌，如研究最多的*Wolinella succinogenes*和*Anaeromyxobacter dehalogenans*，拥有编码氧化亚氮还原酶的基因（Simon et al.，2004；Sanford et al.，2012），因此也可能引起N_2O的消耗。DNRA过程可能发生在各种土壤生态系统中（Rütting et al.，2011），并非局限于高度还原或高碳氮含量条件（Tiedje et al.，1982）。基于这些发现，DNRA作为N_2O的来源之一在根际具有重要意义，根系提供的碳源和根系对O_2和硝酸盐的高消耗可能有助于DNRA功能微生物的生长（Baggs et al.，2011）。然而，在砂质土壤中DNRA对N_2O的贡献可以忽略不计（Kool et al.，2011）。因此，DNRA作为土壤N_2O源的重要性仍未确定，DNRA微生物（以*nrfA*、*nirB*、*narG*和*napA*基因表征）的丰度和多样性与N_2O排放量之间的关系仍然未知。

通过建立土壤微生物的基因丰度、活性及群落组成等指标与土壤N_2O产生/排放速率之间的关系，可以探讨土壤N_2O产生的内在机制。例如，Schmidt等（2015）研究表明，氮沉降对氮限制森林土壤中氨氧化菌群落没有影响，而氮饱和森林土壤以非氨氧化菌群落为主，表明高氮沉降区自养型氨氧化菌对N_2O产生的贡献较小。然而，一些研究显示，土壤中硝化基因*amoA*和*amoB*丰度与土壤N_2O排放通量正相关或相关性不显著（Shi et al.，2019；Sun et al.，2019；Zhang et al.，2019）。反硝化基因*nirK*也存在相似的争议（Lin et al.，2019；Sun et al.，2019）。在高山草地生态系统中基因*norB*丰度下降导致相对更高N_2O排放通量（Chen et al.，2015）；反硝化基因*nirS*或*nosZ*丰度在农田土壤中与N_2O排放没有显著关系（Henderson et al.，2010），而*nosZ*丰度在高有机质土壤中与N_2O排放负相关（Dandie et al.，2011；Harter et al.，2014）。除了功能基因外，过去的研究指出土壤酶活性是N_2O产生和消耗的直接调控因子。土壤胞外酶活性是表达微生物活性的指标，氮素不仅是土壤酶的重要组成部分，而且土壤有机质中的氮含量还决定了酶进入土壤中的数量（万忠梅等，2009）。白春华等（2012）研究发现施氮量为100 kg · hm^{-2} · a^{-1}提高了土壤脲酶活性，对蔗糖酶和过氧化氢酶的影响不显著；而且过量的氮输入还可能降低土壤酶活性（薛璟花等，2005）。Wang等（2011）研究发现，混合形式的氮肥添加比单一形式氮肥添加对过氧化氢酶、纤维素酶、蔗糖酶、多酚氧化酶、硝酸还原酶、脲酶和酸性磷酸酶的影响更大。由于酶活性受到温度、pH等多种因素的影响，因此季节变化也会导致酶活性产生较大波动。土壤冻融过程中，随着施氮剂量的增加，土壤脲酶和蛋白酶活性均呈现先升高后降低的趋势，土壤脲酶和蛋白酶活性在秋冬冻融循环时期与冬春冻融循环时期差异显著（于济通等，2015）。相关分析表明，土壤脲酶和蛋白酶活性、土壤总硝化和反硝化速率呈正相关（Zhao et al.，2019）；N_2O排放与反硝化酶活性呈正相关（Yang et al.，2019）；N_2O还原酶（NOS）数量及其比值升高会导致土壤N_2O的积累（Chen et al.，2019）。尽管如此，也有一些研究认为土壤反硝化酶活性并不是调节根区反硝化作用的关键因素（Yuan et al.，2019）。

1.2.3.2 氮素富集条件下土壤N_2O排放的调控因素

（1）土壤温度和水分条件　土壤温度和水分含量是最基本的环境因素。土壤温度通过影响微生物的活性以及硝化和反硝化速率来影响土壤N_2O的释放。介导硝化微生物活动的温度范围为15 ~ 35℃，其最适温度为31.8 ~ 37℃（Stark and Firestone，1996；Castaldi et al.，2000）；反硝化微生物的最适温度范围为30 ~ 65℃（Tiedje et al.，1994）。因此，自然条件下土壤N_2O排放量与土壤温度正相关（Butterbach-Bahl et al.，2004；Zheng et al.，2016），但这种规律仅限于土壤N含量相近的情况下，当考虑不同N含量的土壤时温度对N_2O排放的解释率较低（Zheng et al.，2016）。其次，土壤N_2O排放量与土壤含水量也成正相关关系，而且不受土壤N含量的制约，说明土壤含水量是N_2O产生和释放的主控因素，可以用来建立N_2O排放的预测模型（Zheng et al.，2016）。另外，干燥土壤的再湿润过程，会在短期内激发N_2O的脉冲式排放（Davidson et al.，2000；Butterbach-Bahl et al.，2004；Werner et al.，2006）。土壤水分含量是调控土壤中养分（如有机碳和N）的迁移扩散的关键因素，养分可利用性的变化会影响到微生物群落组成和活性（Gleeson et al.，2010；Hu et al.，2015；Banerjee et al.，2016）。土壤水分含量主要通过调控土壤通气性和氧化还原状况来决定土壤中硝化和反硝化的相对主导地位，进而影响土壤N_2O的产生路径和排放速率（Kool et al.，2011；Chen et al.，2015）。当土壤含水量处于30%～60%WFPS之间时硝化过程占主导（Bateman and Baggs，2005；Kool et al.，2011），当土壤含水量处于60%～90%WFPS，反硝化速率快速增加。内蒙古半干旱草地土壤中施用铵态氮肥对N_2O的促进作用远高于施加硝态氮，且N_2O通量最高值出现在25%～30%WFPS，说明在此环境条件下硝化作用是N_2O的主要来源；但是，在8月降水频繁时期，土壤反复的干湿交替过程中硝化和反硝化对N_2O的贡献相近，说明短暂而快速的土壤湿润过程可为厌氧微生物提供有利环境，进而刺激反硝化菌的活性（Peng et al.，2011）。此外，反硝化过程中细菌和真菌的作用不同（Bouwman et al.，1998），当土壤含水量达到80%～90%时，土壤接近水分饱和状态，此时细菌和真菌介导的反硝化过程使N_2O排放量均达到最大值（Chen，2015）。总体上，细菌比真菌更能忍受厌氧环境（Takaya et al.，2003；Bateman et al.，2005；Seo et al.，2010）。因此，在水分含量高、极度厌氧的土壤中N_2O主要是由细菌产生（Seo et al.，2010；Marusenko et al.，2013），其中硝化细菌反硝化也发挥着不可忽视的作用（Wrage et al.，2001；Zhu et al.，2013）。

（2）土壤pH　pH是影响土壤N_2O排放最重要的环境因子（Weslien et al.，2009），可以部分解释N_2O的来源（Wang et al.，2018）。尽管不同研究发现土壤pH与N_2O排放速率之间存在正相关、负相关和不相关等多种关系（Struwe et al.，1994；Yamulki et al.，1997；Weslien et al.，2009；Barton et al.，2013），但是总体上土壤pH越低，N_2O排放量越高（Wang et al.，2018）。酸性土壤主要是因为适宜反硝化的进行而具有较高的N_2O排放量（Mørkved et al.，2007）。从微生物角度来看，一方面，真菌比细菌更适宜酸性的土壤环境，真菌主导的反硝化过程会产生大量N_2O（Chen，2015）；另一方面，酸性环境抑制细菌将N_2O进一步还原为N_2，使N_2O发生累积（Bergaust et al.，2010）。野外观测发现，长期持续的氮沉降输入引起土壤的进一步酸化，进而加剧了酸性土壤N_2O排放（Lu，2014）。在中性至碱性土壤中，细菌丰度和*nirK*、*nirS*、*norB*和*nosZ*等反硝化功能基因丰度更高，N_2O主要来源于细菌的反硝化过程，但这一过程中N_2O的排放是有限的（Čuhel et al.，2010；Liu et al.，2010；Yu et al.，2014）。鉴于pH的重要性，Wang等（2018）提出，在氮输入情景下采用模型估计土壤N_2O排放量时，除了要考虑氮输入本身，pH是必不可少的变量，否则会导致N_2O排放量被高估或者低估。

（3）土壤养分状况　土壤自身养分状况直接影响硝化、反硝化过程的底物有效性，不仅对土壤N_2O产生和排放有重要影响，同时还关系到外源氮作用的发挥。因为有充足的矿质氮供硝化、反硝化微生物利用，富氮土壤具有较高的N转化速率和N_2O产生速率。一般情况下，演替早期阶段土壤氮含量低，净初级生产力受氮限制，随着生态系统向顶级群落演替，土壤氮素不断累积转为富氮状态，此时生态系统生产力受磷限制（Verchot et al.，1999；Hall and Matson，1999；Erickson et al.，2001；Zheng et al.，2016）。研究证实，富氮土壤比贫氮土壤N_2O排放更易受到外源氮输入的刺激（Gundersen et al.，1998；Zhang et al.，2008；Zheng et al.，2016）。相似地，与缺氮土壤相比，向缺磷土壤中施氮对N_2O排放的促进作用更强。可能的解释如下：一方面，氮饱和或受磷限制的生态系统往往对氮的需求不高，输入的氮素会被快速利用、释放，而受氮限制的生态系统具有更强的氮持留能力（Hall and Matson，1999；Zhang et al.，2008）；另一方面，在氮饱和的土壤中有充足的矿质氮供微生物所利用，有利于硝化和反硝化反应的进行，进而增加土壤N_2O的产生（Liu et al.，2009）。

1.2.4　现有研究中存在的不确定性

过去相关报道多基于短期的施氮试验，关于长期的氮输入对土壤N_2O排放的影响研究相对较少。随着氮输入的持续进行，土壤氮状态、微生物活性和组成均在不断变化之中，长期氮输入可能造成与短期氮输入完全不同的结果，因此需要开展长期施氮试验研究并与短期试验结果进行比较。

普遍认为土壤N_2O排放与施氮剂量呈线性的正相关关系，主要归因于施氮剂量低、时间短，只观测到早期或中期的响应特征，对高剂量、长时期的响应特征知之甚少。尽管关于N_2O排放对施氮剂量的非线性响应模式在多年前已被提出，但多数研究仅设计了2～3个施氮剂量处理，导致难以区分土壤N_2O排放的响应模式是线性还是非线性的（Hoben et al.，2011；Kim et al.，2013），以及响应阈值和饱和剂量也很难被准确界定。

过去的增氮控制试验大多没有区分氧化态、还原态、有机态氮影响的差异，生态系统过程模型常把氮素形态同一化。实际上，沉降到陆地生态系统的氮素为多形态混合物，包括氧化态NO_3^-、还原态NH_4^+、有机态氮，不同形态氮输入对土壤N_2O排放的差异性影响应当加以区分，并纳入陆地生态系统氮转化与排放的过程模型中，以准确量化土壤N_2O的排放量。另外，随着工业化进程的加速，未来氮沉降NH_4^+/NO_3^-比降低的情景下，土壤N_2O排放如何变化也未得到应有的关注。

过去关于酶活性、微生物群落丰度和组成对增氮的响应大多是独立开展的，由于生态系统类型、试验处理、观测方法等不同导致结果各异；鲜有研究同步高频测定土壤N_2O交换通量与微生物群落组成、丰度和活性，有关土壤N_2O排放与功能微生物群落之间的耦联关系尚未形成普适性结论。

1.3 研究目标、研究内容与研究方案

1.3.1 研究目标

旨在揭示大气氮沉降增加情景下，温带森林土壤N_2O排放与外源性氮输入形态、剂量之间的关系，探索在沉降氮NH_4^+/NO_3^-比变化情景下土壤N_2O的响应特征，揭示其潜在的生物化学和微生物学机制。具体目标如下。

首先，阐明土壤N_2O排放通量对增氮的响应规律，厘清土壤N_2O排放的驱动因子和产生过程，明确N_2O对增氮剂量的临界响应阈值和饱和剂量。

其次，阐明土壤N_2O排放对外源氮形态、剂量的差异性响应特征，构建土壤N_2O排放对增氮剂量的敏感性指标，预测NH_4^+、NO_3^-输入比率降低对土壤N_2O排放的潜在影响。

最后，阐明土壤N_2O排放与功能微生物丰度、活性、群落组成之间的耦联关系，揭示外源N输入对土壤N_2O排放影响的微生物学机制。

1.3.2 研究内容

以长白山阔叶红松林生态系统为研究对象，基于野外长期多水平施氮控制试验平台和室内氮添加微宇宙模拟试验，围绕“土壤N_2O排放对增氮剂量和形态

的差异性响应及其机制”这一科学命题，系统开展以下5个方面的研究。

1.3.2.1　土壤N_2O排放对增氮响应的时间分异规律

基于野外长期多水平施氮控制试验平台，监测每年生长季（5—10月）土壤N_2O排放速率和土壤理化性质，计算N_2O累积排放量，分析土壤N_2O排放对外源性氮输入的响应特征，从季节变化和年际变异两个时间尺度揭示其时间分异规律，判断野外条件下温带森林土壤N饱和进程，分析增氮条件下土壤N_2O排放的环境驱动机制。

1.3.2.2　土壤氮初级转化速率对增氮的响应及其与N_2O排放的关系

采集长白山温带针阔混交林施氮试验样地土壤，应用^{15}N成对标记技术和分子生物学方法，明确尿素添加对土壤生物化学属性、功能微生物类群丰度、氮初级转化速率和N_2O排放量的影响，揭示土壤氮初级转化速率、土壤属性、微生物丰度对土壤N_2O产生与排放的调控机制。

1.3.2.3　土壤N_2O排放对增氮剂量的非线性响应及其机制

采集研究区自然土壤，选取与野外对应的剂量在室内开展氮添加模拟试验，高频观测土壤N_2O排放速率，测定土壤理化性质、酶活性、功能基因丰度和微生物群落结构，重点探讨土壤N_2O排放对施氮剂量的非线性响应特征及其微生物学机制；排除气候、植被、土壤背景差异的干扰，与观测试验结果相互验证，构建土壤N_2O排放对增氮剂量的敏感性指标，以期为预测土壤N饱和进程提供量化参数。

1.3.2.4　土壤N_2O排放对不同增氮形态的差异性响应及其机制

采集研究区自然土壤，参照野外施氮剂量，构建以NH_4^+-N、NO_3^--N、尿素添加为不同处理的室内微宇宙模拟试验，重点关注土壤N_2O排放对有机氮、无机氮（包括氧化态和还原态）等不同形态氮素输入的差异性响应特征，揭示其微生物学介导机制。

1.3.2.5 土壤N_2O排放对外源NH_4^+、NO_3^-输入比率变化的响应及其机制

基于当前全国乃至全球大气NH_4^+/NO_3^-沉降比率降低的普遍趋势，参照过去40 a以及我国当前氮沉降NH_4^+/NO_3^-比的实际值，构建NH_4^+/NO_3^-比梯度的室内模拟试验，重点比较外源性NH_4^+、NO_3^-输入比率的变化对土壤N_2O排放的影响，为预测未来大气沉降NH_4^+/NO_3^-比进一步降低情景下土壤N动态提供理论依据。

1.3.3 研究方案

以长白山阔叶红松林为研究对象，基于长期多水平施氮控制试验平台，采用原位观测和室内培养试验相结合的方法，运用^{15}N稳定同位素示踪和分子生物学技术，研究多水平、多形态氮素添加及NH_4^+、NO_3^-输入比率变化对土壤N_2O排放的影响，探索其潜在的微生物学介导机制。具体而言，采用静态箱-气相色谱法进行野外原位监测N_2O排放通量，同步测定土壤理化属性，研究土壤N_2O排放通量对增氮响应特征，阐明时间分异规律及环境驱动因子。开展^{15}N成对标记培养试验，构建多形态、多水平氮以及不同NH_4^+/NO_3^-比的添加培养试验，测定N_2O产生速率、土壤理化属性、功能基因丰度（qPCR）、微生物群落组成（高通量测序、宏基因组测序）和土壤胞外酶活性，阐明土壤氮初级转化速率对增氮的响应及其与N_2O排放的关系，明确土壤N_2O产生速率及功能微生物群落对增氮形态和剂量的差异性响应特征，探讨土壤N_2O产生速率和功能微生物群落对NH_4^+、NO_3^-输入比率变化的响应。在上述研究的基础上，阐明土壤N_2O产生速率和功能微生物群落对氮素形态、剂量、组成比率的差异性响应规律，明确氮素富集条件下土壤N_2O排放与功能微生物群落之间的耦联关系，揭示温带针阔混交林土壤N_2O排放对增氮响应的微生物学介导机制（图1.4）。

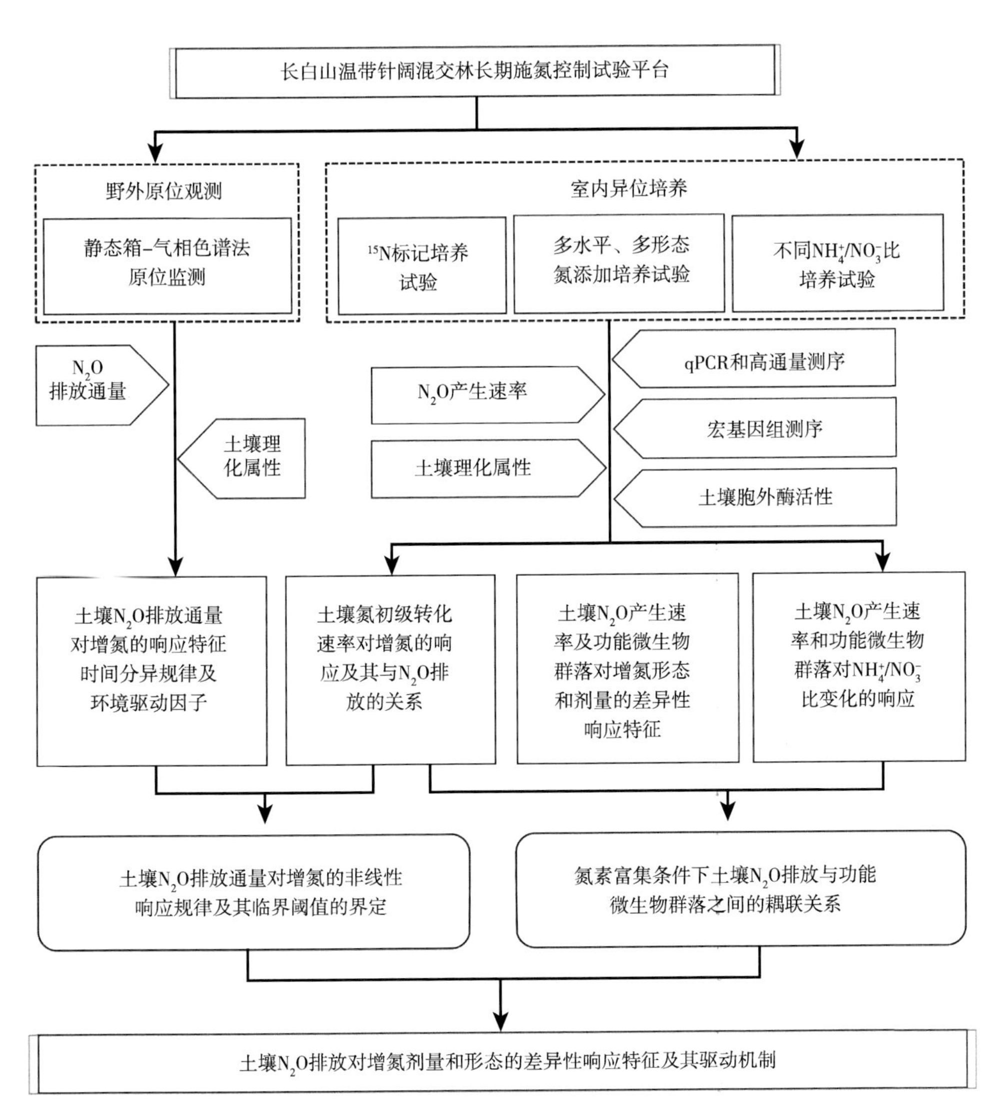
长白山温带针阔混交林长期施氮控制试验平台
野外原位观测
静态箱-气相色谱法
原位监测
室内异位培养
15N标记培养
试验
多水平、多形态
氮添加培养试验
不同NH4+/NO3-比
培养试验
N2O
排放通量
土壤理
化属性
N2O产生速率
土壤理化属性
qPCR和高通量测序
宏基因组测序
土壤胞外酶活性
土壤N2O排放通量
对增氮的响应特征
时间分异规律及
环境驱动因子
土壤氮初级转化
速率对增氮的响
应及其与N2O排
放的关系
土壤N2O产生速
率及功能微生物
群落对增氮形态
和剂量的差异性
响应特征
土壤N2O产生速
率和功能微生物
群落对NH4+/NO3-
比变化的响应
土壤N2O排放通量对增氮的非线性
响应规律及其临界阈值的界定
氮素富集条件下土壤N2O排放与功能
微生物群落之间的耦联关系
土壤N2O排放对增氮剂量和形态的差异性响应特征及其驱动机制

图1.4 技术路线图

第2章

土壤N_2O排放对增氮响应的季节动态和年际变异

由于化石燃料燃烧、工业化进程加速和氮肥的大量施用，近年来人为源活性氮沉降速率不断增加。氮沉降输入增加可直接改变森林生态系统的氮循环，进而加剧森林土壤氮淋失和气态氮损失等严重生态后果（Hall and Matson，1999；Schlesinger，2009；Corre et al.，2010）。氧化亚氮（N_2O）和氮气（N_2）是气态氮损失的主要形式，其中N_2O排放增加会消耗平流层臭氧并加剧全球变暖（Aber and Melillo，1989；Aber et al.，1998；Greaver et al.，2016）。过去的250 a，人类活动引起的氮沉降量增加了近3倍（Galloway et al.，2008），土壤氮素有效性增加促进植物生长，全球陆地生态系统碳储量因此增加了20～470 kg·kg^{-1} N（de Vries et al.，2009）。然而，氮沉降引起的N_2O损失的增加和CH_4吸收的降低，会使其诱导的碳储量被抵消53%～76%（Liu and Greaver，2010）。

全球尺度上，增氮倾向于促进土壤N_2O排放，平均增加215%（Liu and Greaver，2009）。就某个特定地区或生态系统而言，氮沉降可能增加（Wang et al.，2014）、减少（陈仕东等，2013）或不影响（Maljanen et al.，2006；Sakata et al.，2015）N_2O通量。产生多种不同结果的原因可能有：土壤C和N状态的差异，土壤温度、水分和pH差异（Florinsky et al.，2004；Rowlings et al.，2012），土壤微生物群落结构不同，以及氮添加的形态和剂量等（Kim et al.，2013）。此外，随着氮输入的持续进行，土壤经历不同的N饱和阶段，N_2O的响应特征也随之发生变化（Aber et al.，1998）。因此，开展长期的增氮控制试验，对全面理解土壤N_2O对增氮的响应规律和环境驱动机制至关重要。

过去研究一致认为全球85%的自然植被土壤N_2O产生于30°S～30°N的热

带（Bouwman et al.，1995），温带和北方森林对全球大气N_2O积累贡献甚微（Koehler et al.，2009）。然而，中-高纬度森林区长期氮沉降引起的土壤氮素有效性增加，也显著促进N_2O排放（Cheng et al.，2016）。占全球森林总面积18.3%的温带森林是受氮限制的陆地生态系统（Lal et al.，2005），氮沉降诱导其碳储量增加157 Tg（de Vries et al.，2014），但是我们对氮沉降产生的负效应认识得不够深入（Aber et al.，1989；Liu and Greaver，2009）。此外，温带森林是全球氮排放、氮沉降最为集中的区域（Galloway et al.，1996），在氮沉降速率持续增加的情景下，温带森林生态系统N_2O排放如何响应对降低全球C收支估算的不确定性至关重要。

我国东北长白山阔叶红松林是典型的温带地带性森林，近几十年来大气氮沉降量经历了快速增加直至平稳的过程，目前大气氮沉降量为21～23 kg·hm^{-2}·a^{-1}（Wang et al.，2012；Yu et al.，2019）。本章以长白山阔叶红松林为研究对象，开展了为期7 a的多水平氮添加控制试验，通过野外监测与采样分析，拟阐明土壤N_2O排放的季节变化、年际变异及其对施氮的响应特征，进而揭示土壤N_2O排放的环境驱动机制。我们假设：①短期施氮引起土壤N_2O快速增加，而长期施氮会使土壤N_2O排放量趋于稳定；②生长季土壤N_2O排放表现出明显的季节动态，受温带季风气候驱动，高温多雨的夏季土壤N_2O排放量要显著高于春季和秋季；③施氮剂量和土壤温度、水分等环境因子共同驱动着土壤N_2O的排放。

2.1 材料与方法

2.1.1 研究区概况与试验设计

2.1.1.1 研究区概况

以长白山阔叶红松林为研究对象，研究区域位于吉林省长白山管委会池北区（42°24′N，128°6′E），海拔约为750 m，属长白山海拔垂直带的基带。该地区属于温带大陆性山地气候，季节变化明显，5—9月为生长季。年均气温约为3.6℃，最高月（7月）均温19.7℃，最低月（1月）均温-12.5℃，年均降水量约为745 mm，其中80%的降水集中在5—9月。地下水位约为9 m，地面凋落物湿度在冰雪消融的春季达到最大值。研究区地势平缓，平均坡度小于10°，森林类型为典型的阔叶红松林，林龄约200 a。试验区域属于典型的温带针阔混交林地带，林分结构复杂，植物种类繁多，层次不甚清晰，主要乔木为红松（*Pinus koraiensis* Siebold & Zucc.）、紫椴（*Tilia amurensis* Rupr.）、蒙古栎（*Quercus mongolica* Fisch. ex Ledeb.）、水曲柳（*Fraxinus mandshurica* Rupr.）和色木槭（*Acer pictum* Thunb. ex Murray），主要灌木有东北山梅花（*Philadelphus schrenkii* Rupr.）、毛榛（*Corylus mandshurica* Maxim.）和髭脉槭（*Acer barbinerve* Maxim. ex Miq.）等，早春银莲花（*Anemone raddeana* Regel）、延胡索（*Corydalis yanhusuo* W. T. Wang ex Z. Y. Su & C. Y. Wu）、顶冰花［*Gagea lutea*（L.）Ker Gawl.］等为优势草本，而夏秋季节以美汉草［*Meehania fargesii*（Levl）C. Y. Wu］和苔草（*Carex* spp.）占优势。采样地点的优势树种平均树高30 m, 平均胸径50 cm。土壤为山地暗棕壤，母质为火山灰砂砾，结构疏松，排水良好，土层厚度70 ~ 100 cm。土壤主要属性如下: 土壤容重0.56 g · cm^{-3}, DOC 11.45%, C/N比21.84, 总碳156.6 g · kg^{-1}, 总氮7.17 g · kg^{-1}，总磷0.97 g · kg^{-1}，总钾12.2 g · kg^{-1}，pH 4.66。

2.1.1.2 野外长期施氮控制试验设计

2013年5月，在研究区内选取地形平坦开阔、环境条件较为均一的区域，布设长期增氮控制试验。试验采用完全随机设计，设置9个施氮水平，每个施氮水平4个重复，共36个样方。每个样方面积为10 m × 10 m，两个相邻样方之间的间距至少为10 m，以避免样方间的相互干扰。试验施加的氮素为分析纯尿素［$CO(NH_2)_2$］。结合长白山地区实际的大气氮沉降量（23 kg · hm^{-2} · a^{-1}，Wang et al.，2012）和我国最高氮沉降水平（117 kg · hm^{-2} · a^{-1}，He et al.，2007），本试验共设计9个施氮水平（0 kg · hm^{-2} · a^{-1}、10 kg · hm^{-2} · a^{-1}、20 kg · hm^{-2} · a^{-1}、40 kg · hm^{-2} · a^{-1}、60 kg · hm^{-2} · a^{-1}、80 kg · hm^{-2} · a^{-1}、100 kg · hm^{-2} · a^{-1}、120 kg · hm^{-2} · a^{-1}和140 kg · hm^{-2} · a^{-1}），分别用N0、N10、N20、N40、N60、N80、N100、N120、N140表示（图2.1）。换算到10 m × 10 m样方，对应9个施氮水平下分别需施加尿素的质量为0 kg，0.214 kg，0.429 kg，0.857 kg，1.286 kg，1.714 kg，2.143 kg，2.571 kg，3.000 kg，将年施用量平均分配到生长季6个月（5—10月）进行施肥。自2013年5月起，每年5—10月月初将相应量的尿素溶解于40 L水中，用背式喷雾器均匀喷施于相应样方内，对照

样方喷施等量的清水。生长季（5—10月）每月上、中、下旬采集样方内气体样品以及有机层、矿质层土壤样品，测定土壤N_2O浓度和NH_4^+、NO_3^-、总可溶性氮（TDN）、可溶性有机碳（DOC）、pH等理化属性以及酶活性。

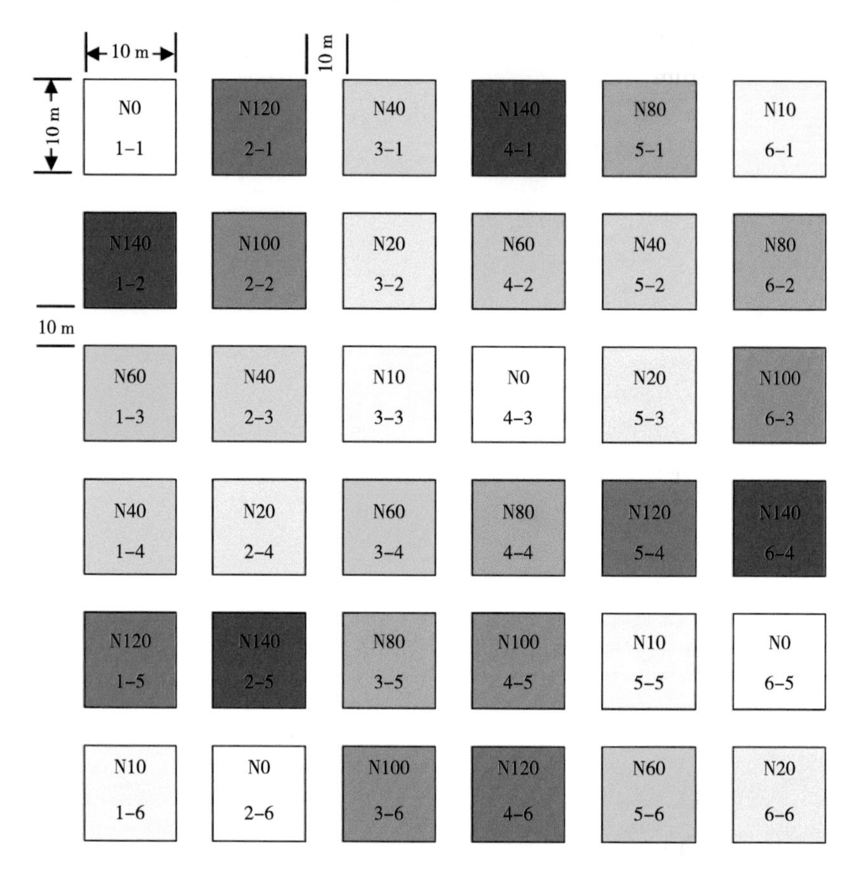

图2.1　长白山阔叶红松林施氮试验样方分布

2.1.2　野外观测与指标测定

2.1.2.1　土壤N_2O排放通量的测定

2013—2019年，每年5—10月每月上、中、下旬分别采集3次气体样品。采用静态箱-气相色谱法测定土壤-大气界面N_2O交换通量。每个样方内固定一个50 cm × 50 cm的底座（高15 cm），底座插入土壤10 cm，采集气体前将静态箱扣在底座凹槽内并确保密封，分别于密封后0 min、10 min、20 min、30 min、

40 min抽取气体样品（每个样品100 mL），注入真空气袋中带回实验室，采用配备有电子捕获器和自动进样器的气相色谱仪（Agilent 7890A，Santa Clara，California，USA）分析测定N_2O浓度。在采集气体样品的同时，利用便携式电子温度计（JM624 digital thermometer，Living-Jinming Ltd.，China）和土壤水分仪（TDR100，Spectrum，USA），分别测定土壤表层5 cm和10 cm深度的温度和体积含水量。

根据式（2.1）计算出N_2O排放速率。

$$F = \frac{M \cdot P \cdot T_0 \cdot V}{V_0 \cdot P_0 \cdot T \cdot a} \times \frac{\mathrm{d}C}{\mathrm{d}t} \times 1\ 000 \qquad (2.1)$$

式中，F为土壤N_2O排放速率（$mg \cdot m^{-2} \cdot h^{-1}$），$M$为气体或元素的摩尔质量（$g \cdot mol^{-1}$），$V_0$为标准状态（气压1 103 hPa，温度273 K）下气体的摩尔体积（22.4 $L \cdot mol^{-1}$），P为实际大气压，P_0为标准状态大气压1 103 hPa，不考虑海拔时P/P_0=1，T为实际温度（K），T_0为标准状态温度273 K，V为取气装置顶部空间的体积（L），a为静态箱底座面积（m^2），$\mathrm{d}C/\mathrm{d}t$为N_2O浓度随密封时间的变化斜率（$mg \cdot kg^{-1} \cdot h^{-1}$）。

根据式（2.2）计算温室气体累积排放量。

$$C_n = \sum_{i=2}^{n} (F_i + F_{i-1}) / 2 \times t_i,\ n = 1,\ 2,\ 3, \cdots \qquad (2.2)$$

式中，n为采样次数，F_i为第i次取样时的温室气体排放速率，t_i为第i次和第$i-1$次取样的时间间隔（h），$C_1=F_1$。

2.1.2.2 土壤理化属性的测定

野外气体样品采集完成之后，移除地表凋落物，用直径2.5 cm的土钻采集有机层（O层）和矿质层（M层）土壤样品。在每块样地梅花型5点取样，均匀混合成为一个样品，取其中的1/5过2 mm筛，去除根系、砂砾和石块后立即带回实验室。称取有机层约5 g、矿质层约15 g新鲜土样用100 mL 2 $mol \cdot L^{-1}$ KCl振荡1 h，浸提，过滤，用流动化学分析仪（AA3，SEAL，Germany）测定NH_4^+-N、NO_3^--N和TDN含量，可溶性有机氮（DON）含量等于总可溶性氮（TDN）与总无机氮（NH_4^+-N + NO_3^--N）之差。同样称取有机层约5 g、矿质层约15 g新鲜土样，用100 mL去离子水振荡1 h，离心30 min，上清液过0.45 μm滤膜，用流动化学分析仪DOC模块测定溶解性有机碳（DOC）含量。野外土壤样品含水量用烘干法测定（105℃，24 h）。称取10 g风干土，加入25 mL去离子水搅拌均匀制成土悬液，静置，用pH计（Mettler Toledo，Switzerland）测定上清液pH。

2.1.3　数据统计分析

采用单因素方差分析（One-way ANOVA）及LSD多重比较方法分析氮输入剂量对土壤N_2O排放量的影响以及各施氮水平与对照处理之间的差异是否显著（$P<0.05$）。采用相关分析探索土壤N_2O排放与土壤环境因子之间的关系。基于相关分析结果，选取与土壤N_2O排放通量季节变化和年际变异显著相关的因子纳入方差分解分析（Variance partitioning analysis，VPA）。运用IBM SPSS Statistics 22.0（SPSS，Inc.）进行方差分析，运用R3.5.3（R Core Team，2019）中的corrplot package进行相关分析，运用varpart package进行VPA分析，运用SigmaPlot 12.5和R中的ggplot2 package进行统计绘图。

2.2　结果与分析

2.2.1　N_2O排放量的季节动态和年际变异

连续7 a的观测数据表明，土壤N_2O排放速率和累积排放量因施氮剂量而异，并且呈现出明显的季节动态（图2.2，图2.3）。总体来看，生长季土壤N_2O排放量依次排列如下：N140＞N40＞N60＞N120＞N100＞N80＞N20＞N0＞N10，其中N140，N40，N60处理下土壤N_2O排放量显著高于其他施氮剂量处理，分别是对照的22.5倍，10.1倍和8.6倍（图2.2，图2.3C）。不同剂量的施氮处理下土壤N_2O排放速率和累积排放量均表现出较为一致的季节动态，夏季（7月和8月）最高，春季（5月和6月）、秋季（9月和10月）较低。7月土壤N_2O平均排放通量最高（137.6 $\mu g \cdot m^{-2} \cdot h^{-1}$），是5月的2.3倍，是10月的6.9倍（图2.3A）。

随着施氮持续时间的延长，土壤N_2O生长季平均排放通量和累积排放量呈现波动上升的趋势（图2.2，图2.3B）。自然条件下（N0），2013—2019年长白山阔叶红松林生长季（5—10月）土壤N_2O排放量变化范围为0.29 ~ 1.19 kg · hm^{-2}，多年平均值为（0.55 ± 0.11）kg · hm^{-2}，年际变异较小；而施氮处理下N_2O排放量年际变异较大，施氮1 a后快速增加，随后保持缓慢上升，随着施氮年限延长，不同剂量间的差异逐渐扩大；N140处理下生长季N_2O排放量年际变异最明显，从2013年的（3.35 ± 0.55）kg · hm^{-2}增加到2019年的（21.32 ± 6.66）kg · hm^{-2}，多年平均排放量为（12.97 ± 2.05）kg · hm^{-2}（图2.3B）。

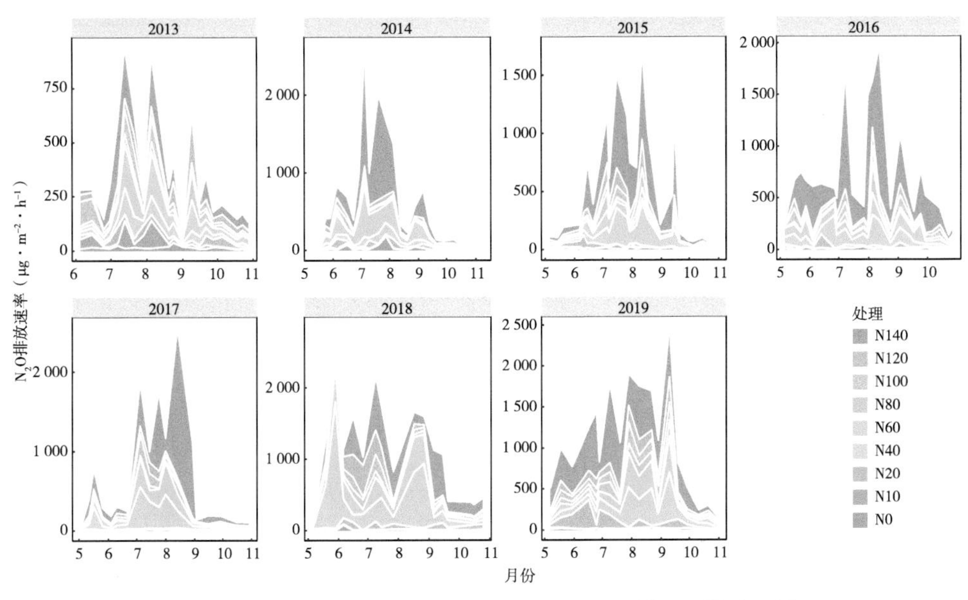

图2.2　2013—2019年生长季（5—10月）土壤N_2O排放通量

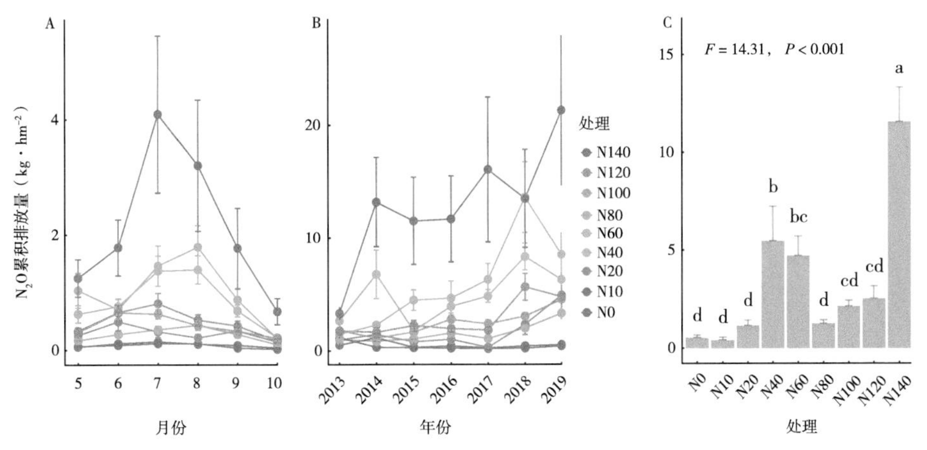

图2.3　土壤N_2O排放量的季节、年际变化和不同氮水平之间的差异

注：图A、B、C分别表示季节、年际变化和不同氮水平之间的差异。

2.2.2 土壤属性的变化

5 cm和10 cm地温均呈现明显的单峰季节动态。5—10月，5 cm和10 cm土壤温度均值的变化范围分别为6.04～17.66℃和6.30～17.14℃，5 cm土壤温度波动幅度较大（图2.4A、D）。各施氮处理间土壤温度差异不显著（图2.4C、F），均在7月最高（图2.4A、D）。5 cm和10 cm地温7 a间均呈“W”形波动，分别在2014年和2017年出现2次低值，2014年最低，5 cm和10 cm平均地温分别为11.41℃和11.10℃；2016年出现最高值，5 cm和10 cm平均地温分别达到15.34℃和13.35℃（图2.4B、E）。

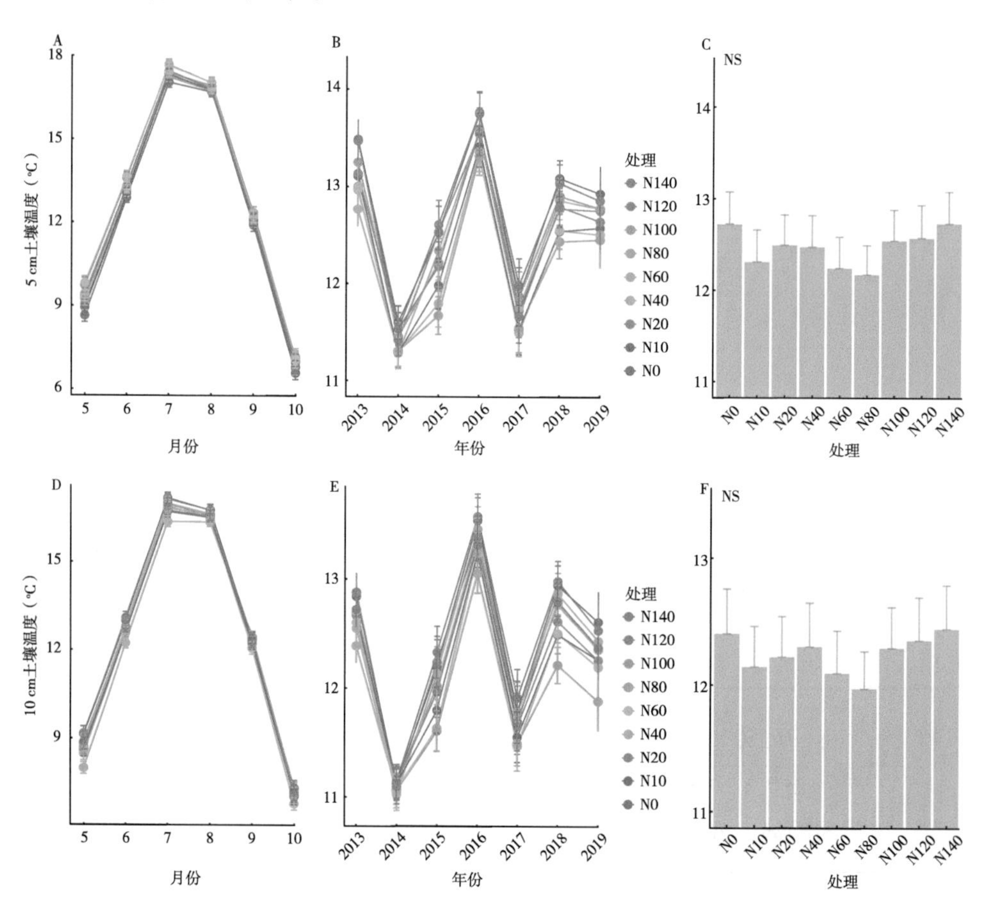

图2.4 5 cm和10 cm深度土壤温度的季节、年际变化及不同施氮剂量之间的差异

注：图A、B、C表示5 cm土壤深度；D、E、F表示10 cm土壤深度。图A、D表示季节变化；B、E表示年际变化；C、F表示不同施氮剂量之间的差异。NS表示差异不显著。下同。

土壤水分也呈单峰形季节变化（图2.5A）。5—10月，土壤体积含水量变化范围为14.57%～29.20%，8月最高，平均达到23.42%，10月最低，仅17.93%。2013—2015年，土壤水分逐年降低，平均由38.67%降低到17.74%，2015年后趋于稳定（图2.5B）。不同施氮剂量间多年平均土壤含水量差异不显著，但N40、N60和N140处理土壤含水量高于其他处理（图2.5C），各施氮剂量处理下土壤水分的季节和年际变化规律一致。

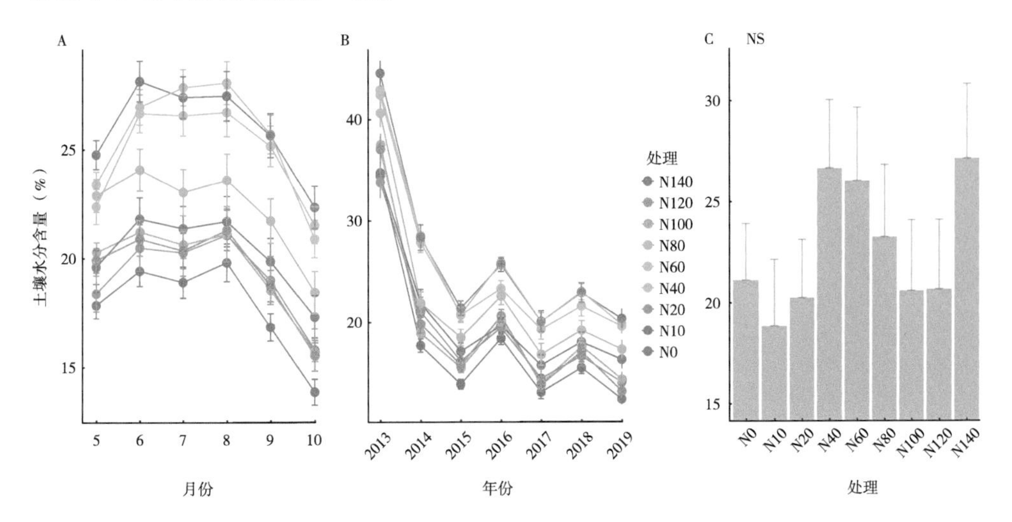

图2.5　土壤水分含量（v/v）的季节、年际变化及施氮剂量之间的差异

注：图A、B、C分别表示季节变化、年际变化和不同施氮剂量之间的差异。

有机层土壤DOC、NO_3^--N、NH_4^+-N、TDN和DON含量均显著高于矿质层，且呈现出不同的季节动态和年际变化特征（图2.6～图2.10）。有机层土壤DOC含量是矿质层的4倍以上，且季节波动更明显（图2.6A），有机层DOC含量最高出现在10月，而矿质层出现在6月（图2.6D）。有机层土壤DOC含量2013—2016年呈逐年下降的趋势，平均从2 156.24 mg · kg^{-1}降低到173.06 mg · kg^{-1}，随后趋于稳定（图2.6B）；矿质层土壤DOC含量随施氮年限的增加表现出“增加→降低→稳定”的趋势，2013—2014年从255.90 mg · kg^{-1}增加到340.92 mg · kg^{-1}，随后降低到2016年的99.02 mg · kg^{-1}，之后降幅减缓而趋于稳定（图2.6E）。不同施氮剂量对有机层土壤DOC含量影响不显著，N20处理下矿质层土壤DOC含量略高于其他处理（图2.6C、F）。

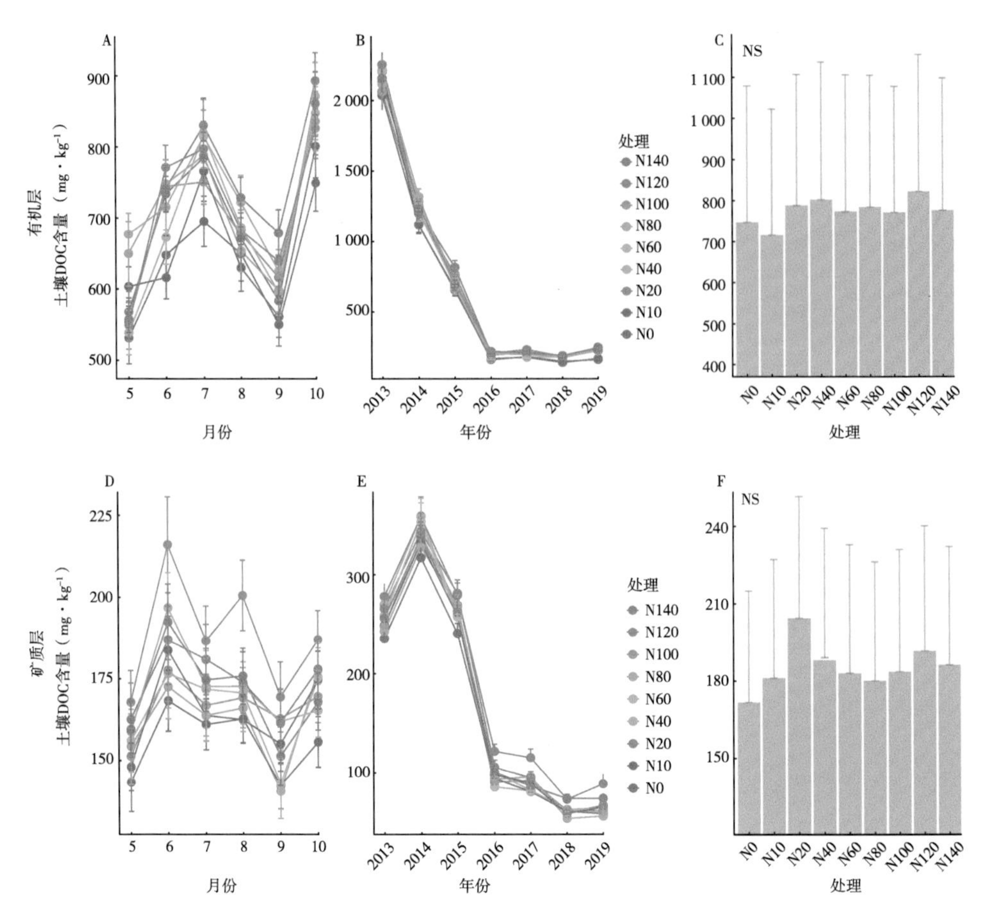

图2.6　有机层和矿质层土壤DOC含量的季节、年际变化及不同施氮剂量之间的差异

注：图A、B、C表示5 cm有机层；D、E、F表示5 cm矿质层。图A、D表示季节变化；B、E表示年际变化；C、F表示不同施氮剂量之间的差异。下同。

有机层和矿质层土壤NO_3^--N含量均无明显的季节动态（图2.7A、D），但年际间呈波动变化（图2.7B、E）。有机层NO_3^--N含量2015年达到最高值，随后回落到施氮初始阶段的水平（图2.7B）；N140矿质层土壤NO_3^--N含量2015年达到最高，其他处理2016年最高；所有处理下2019年矿质层土壤NO_3^--N含量高于施氮初期，说明矿质层土壤出现了一定程度的NO_3^--N累积（图2.7E）。整体上，有机层和矿质层土壤NO_3^--N含量均随施氮剂量的增加而增加（图2.7C、F）。

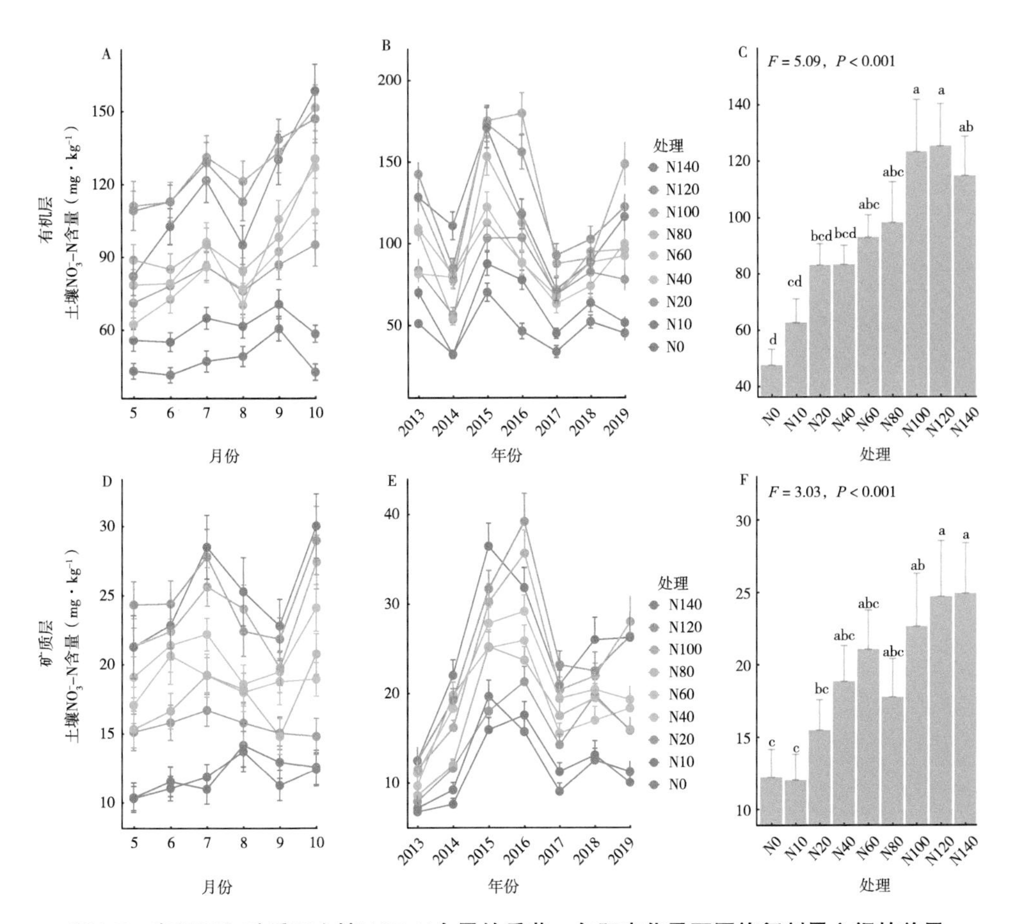

图2.7 有机层和矿质层土壤NO_3^--N含量的季节、年际变化及不同施氮剂量之间的差异

注：柱上不同小写字母表示不同施氮剂量之间差异显著（P<0.05）。下同。

5—9月，有机层土壤NH_4^+-N含量呈波动下降趋势，10月N140、N120、N100、N80处理下有所回升（图2.8A）。矿质层土壤NH_4^+-N含量在5—7月无显著变化，7—10月快速降低，且N40、N60处理土壤NH_4^+-N含量显著低于其他处理（图2.8D）。有机层土壤NH_4^+-N在2013—2014年急剧降低（幅度37.70%），之后随施氮年限增加没有发生明显的变化（图2.8B）。施氮剂量≥N80时有机层表现出一定程度的土壤NH_4^+-N累积（图2.8C）。2013—2019年，矿质层土壤NH_4^+-N含量先增后降，N40、N60、N140处理下土壤NH_4^+-N含量最高值出现在2016年，而其他施氮剂量处理最高值出现在2017年（图2.8E）。各施氮剂量间土壤NH_4^+-N含量差异不显著，但N40、N60处理下NH_4^+-N含量最低于其他处理（图2.8F）。

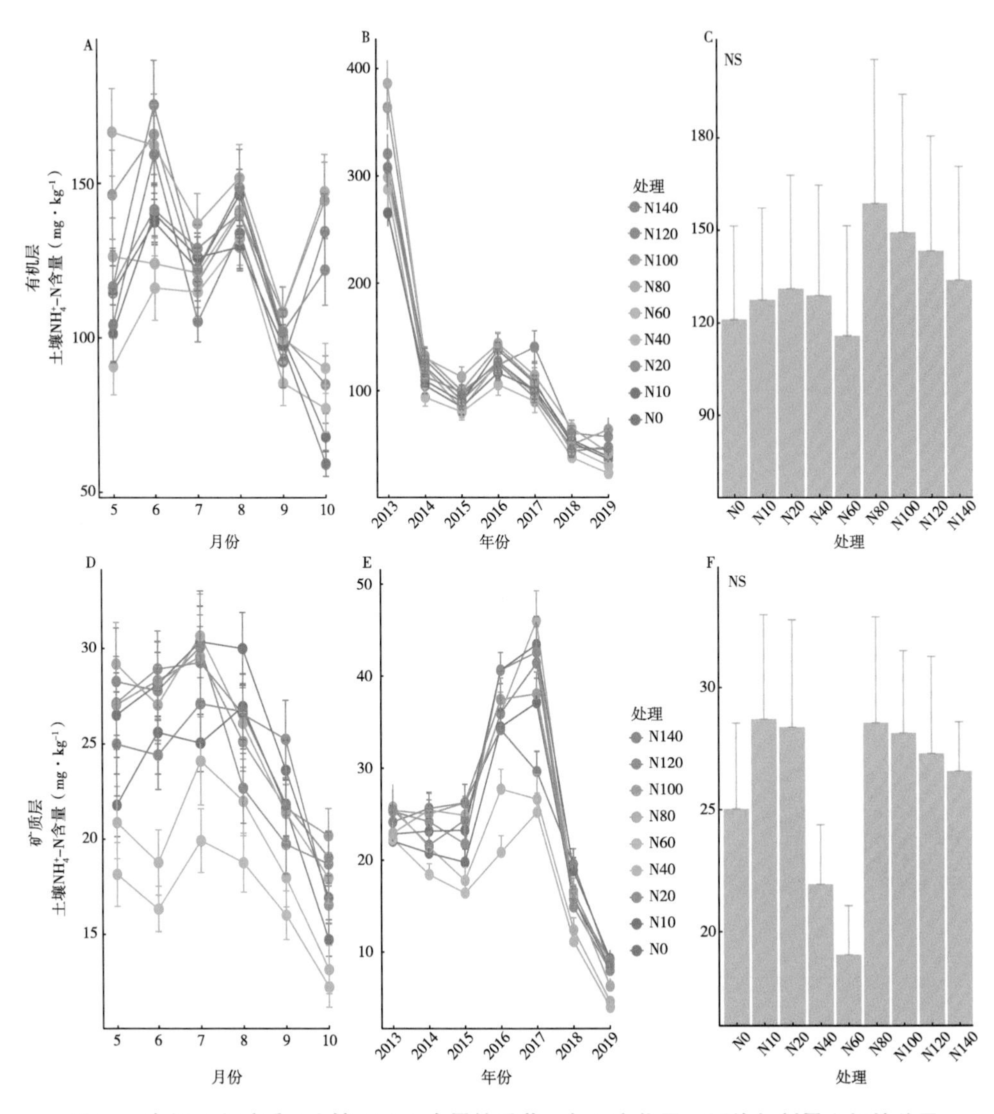

图2.8　有机层和矿质层土壤NH_4^+-N含量的季节、年际变化及不同施氮剂量之间的差异

有机层土壤TDN含量是矿质层的4倍以上，有机层和矿质层土壤TDN含量均无明显的季节变化（图2.9A、D）。有机层TDN含量随着施氮年限的延长逐渐降低，尤其是2013—2014年降低幅度最大，平均下降了近50%（图2.9B）。矿质层土壤TDN含量随施氮年限呈现先增加后降低的趋势，最高值出现在2015—2017年（图2.9E）。整体上，有机层和矿质层土壤TDN含量随施氮剂量的增加而增加，但均未达到显著性水平（图2.9C、F）。

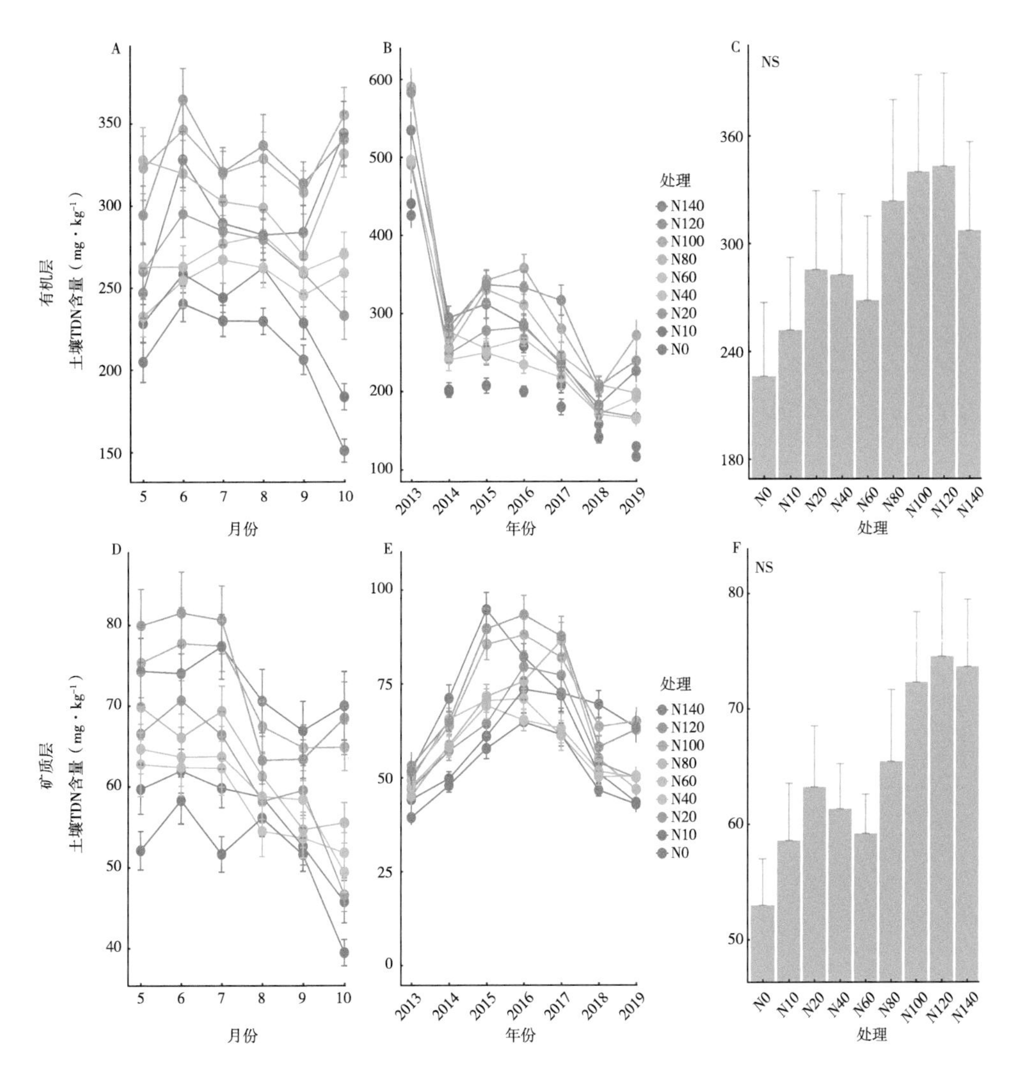

图2.9　有机层和矿质层土壤TDN含量的季节、年际变化及不同施氮剂量之间的差异

有机层土壤DON含量高于矿质层，有机层DON含量无明显的季节动态。矿质层DON含量5—8月逐月降低，8—9月略有回升，最低值出现在8月（图2.10A、D）。有机层土壤DON逐年降低，尤其以2013—2014年降幅最大（图2.10B）；矿质层土壤DON含量随年限增加先增后降，2015年最高（图2.10E），有机层和矿质层土壤DON含量的差异逐年缩小。各施氮处理有机层土壤DON含量无显著差异，而矿质层土壤DON含量随着施氮剂量的增加呈现累积的趋势（图2.10C、F）。

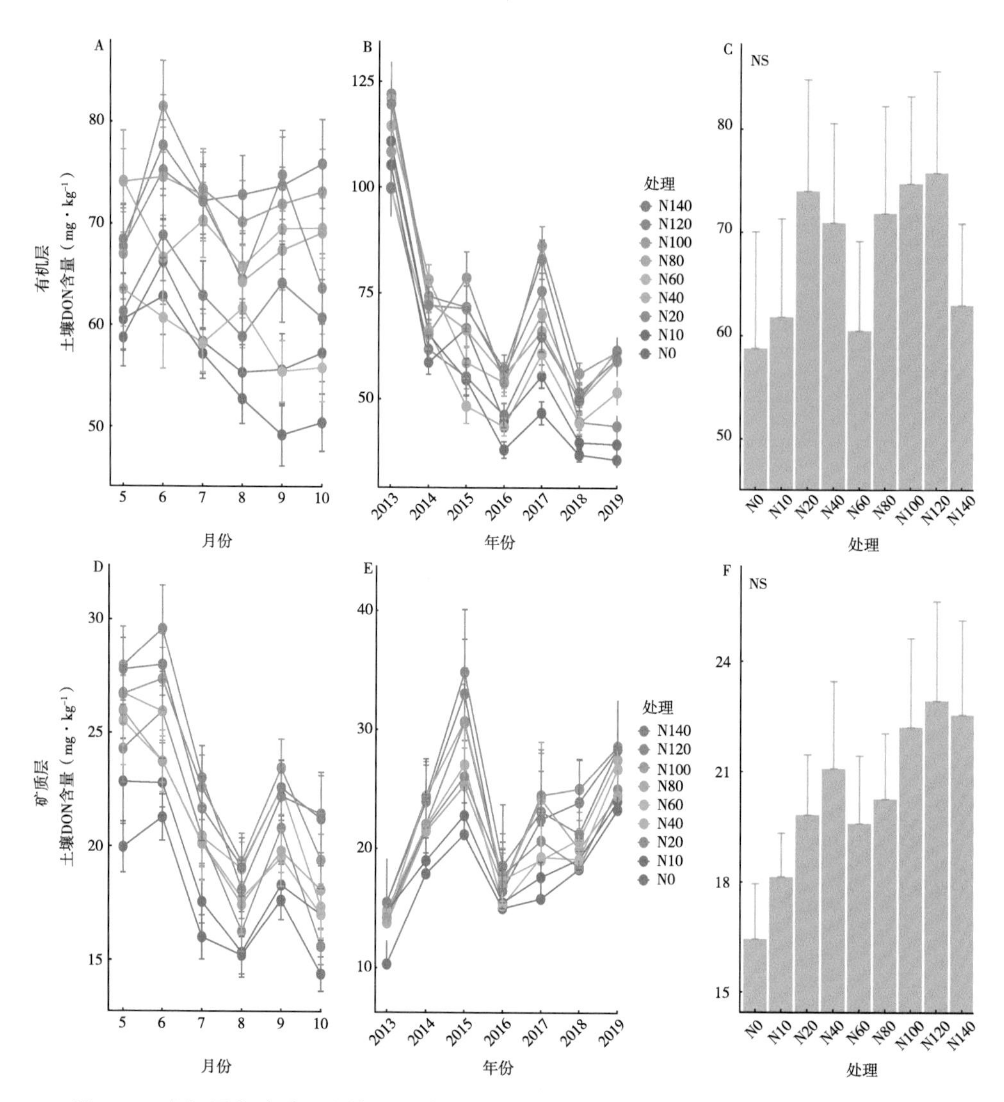

图2.10 有机层和矿质层土壤DON含量的季节、年际变化及不同施氮剂量之间的差异

5—10月，土壤pH呈现逐渐升高趋势，平均升高0.25个单位（图2.11A）。2013—2014年，土壤pH急剧降低，平均降低0.61个单位，但是各施氮剂量处理间差异不显著。随后土壤pH逐年升高，但一直到2019年，土壤pH仍未恢复到2013年的水平。此外，施氮中后期各处理间土壤pH的差异不断扩大，第7 a N0处理pH最高（4.95），N100处理最低（4.48）（图2.11B、C）。

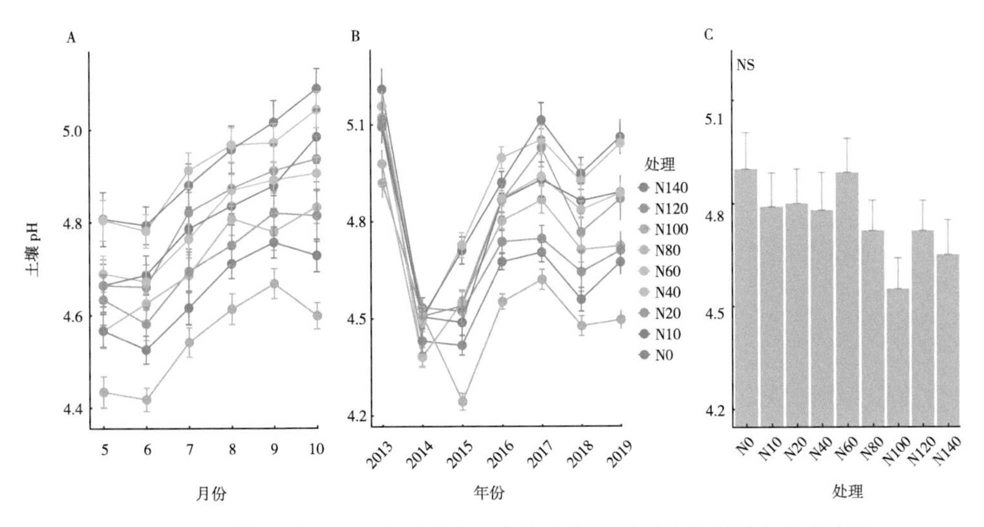

图2.11　土壤pH（矿质层）的季节、年际变化及不同施氮剂量之间的差异

注：图A、B、C分别表示季节、年际变化和不同施氮剂量之间的差异。

2.2.3　土壤N_2O排放的环境驱动机制分析

季节尺度上，土壤N_2O排放通量与施氮剂量、矿质层NO_3^--N含量、矿质层TDN含量、5 cm和10 cm土壤温度、土壤含水量显著正相关（图2.12）。有机层氮含量（包括NO_3^--N、NH_4^+-N、TDN、DON）均与施氮剂量正相关，而矿质层NH_4^+-N含量与施氮剂量相关性不显著。土壤pH与施氮剂量、土壤氮含量负相关。有机层和矿质层土壤DOC与NO_3^--N均显著正相关，而与NH_4^+-N相关性不显著。有机层和矿质层NO_3^--N含量正相关，NH_4^+-N也表现出相似的规律。矿质层土壤NO_3^--N、TDN含量与土壤含水量正相关，说明在观测的水分范围内土壤水分增加有助于矿质层土壤可溶性氮积累。有机层和矿质层土壤NH_4^+-N含量均与5 cm、10 cm土壤温度呈显著的正相关关系，与10 cm土壤温度相关性更强（图2.12）。

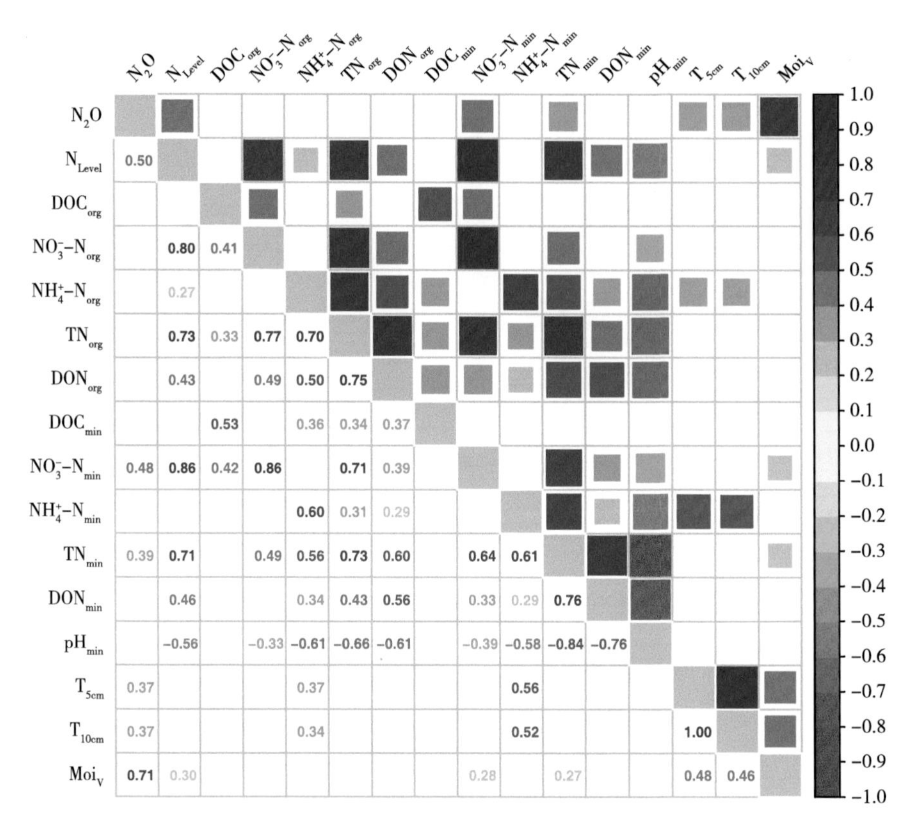

图2.12　季节尺度上土壤N_2O排放通量与土壤属性之间的相关性热图

注：N_{Level}表示施氮剂量，org表示有机层，min表示矿质层，T_{5cm}表示5 cm土壤温度，T_{10cm}表示10 cm土壤温度，Mio_V表示土壤体积含水量。蓝色表示正相关，红色表示负相关，颜色越深、方块越大，相关性越强。图中方块表示相关性在$P<0.05$水平上显著，空白表示相关性不显著。

年际尺度上，土壤N_2O排放与施氮剂量、矿质层土壤NO_3^--N和DON含量显著正相关，而与有机层和矿质层土壤NH_4^+-N含量显著负相关（图2.13）。有机层和矿质层土壤NO_3^--N、TDN含量以及有机层DON含量与施氮剂量正相关，而土壤pH与施氮剂量负相关。除NH_4^+-N外，有机层土壤DOC含量与同层土壤各溶解性氮均呈现强烈的正相关关系（$R^2>0.80$），而与矿质层土壤NO_3^--N、TDN、DON负相关。土壤DOC以及氮素组分含量在有机层和矿质层之间正相关，但与季节尺度相比，相关性较弱。土壤含水量主要与有机层DOC、TDN及其组分（NH_4^+-N除外）强烈正相关，而与矿质层TDN及其组分（NH_4^+-N除外）含量负相关（图2.13）。

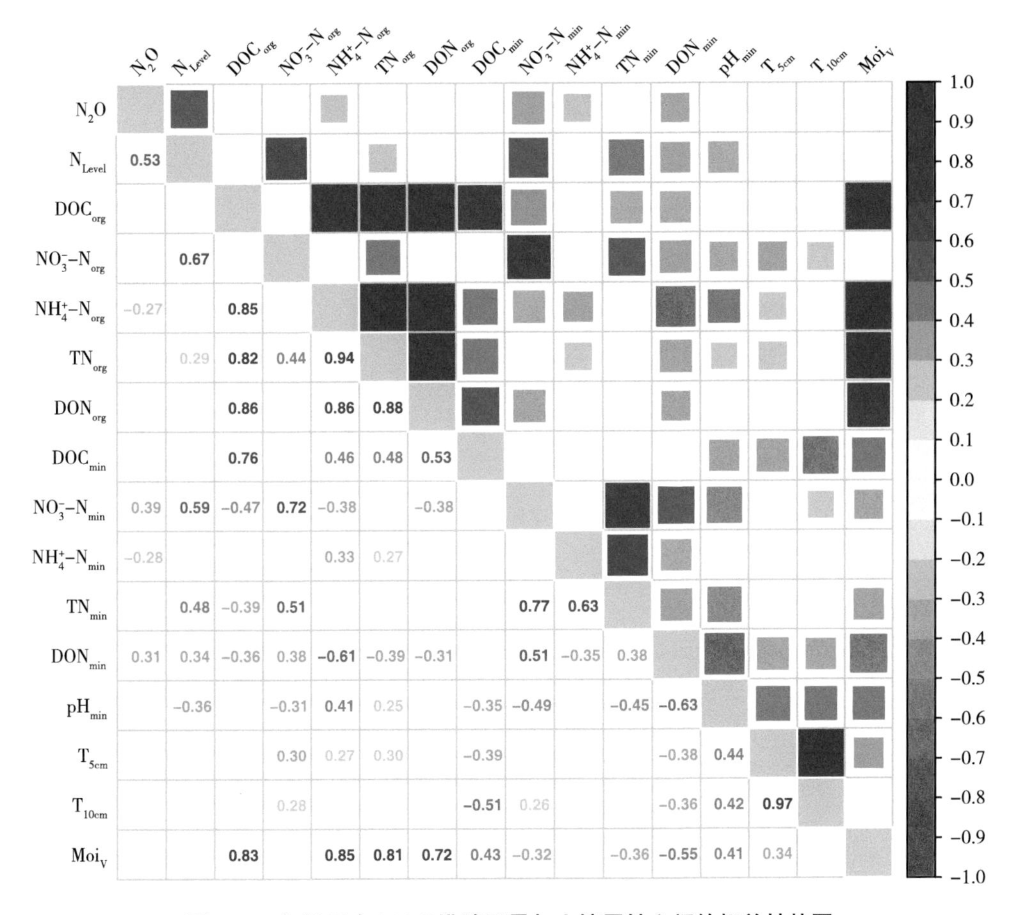

图2.13 年际尺度上N_2O排放通量与土壤属性之间的相关性热图

注：N_{Level}表示施氮剂量，org表示有机层，min表示矿质层，T_{5cm}表示5 cm土壤温度，T_{10cm}表示10 cm土壤温度，Mio_V表示土壤体积含水量。蓝色表示正相关，红色表示负相关，颜色越深、方块越大，相关性越强。图中方块表示相关性在$P<0.05$水平上显著，空白表示相关性不显著。

VPA结果显示，土壤水分和氮含量是土壤N_2O排放季节变化的主要驱动因子，二者贡献率分别为31%和8%，二者交互效应贡献占17%（图2.14A）。土壤N_2O排放的年际变异主要由土壤温度、水分、氮含量共同驱动，三者贡献率分别为7%、3%和35%，土壤氮含量贡献最大（图2.14B）。

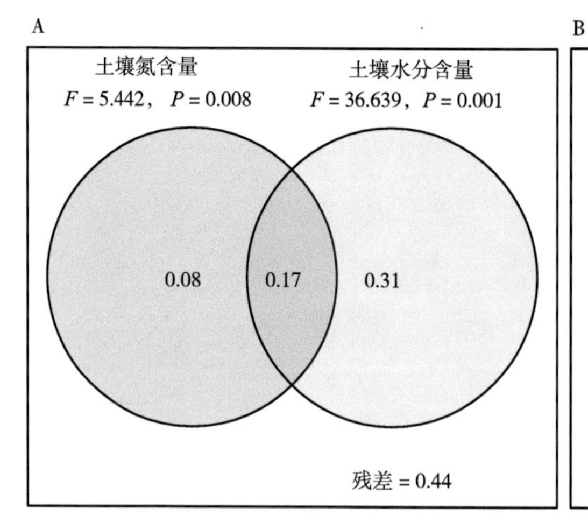

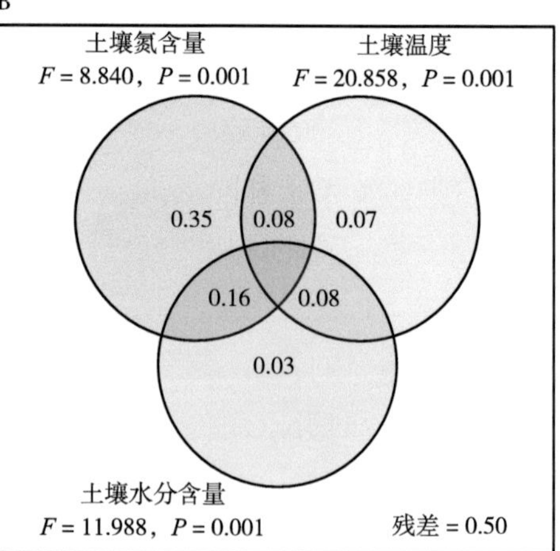

图2.14　N_2O排放速率季节变化与年际变化的驱动因子及其贡献率

注：图A、B分别表示N_2O排放速率季节变化和年际变化的驱动因子。土壤氮含量包括NO_3^--N_{min}与DON_{min}。

2.3　讨论

2.3.1　N_2O排放对短期和长期施氮的响应

在未施氮的自然状态下（N0），2013—2019年长白山阔叶红松林生长季（5—10月）土壤N_2O排放量（N_2O-N）变化范围为0.29 ~ 1.19 kg · hm^{-2}，多年平均值为（0.55 ± 0.11）kg · hm^{-2}，这比Geng等（2017b）在相同研究区观测到的结果略低［4—10月累积排放量（1.25 ± 0.22）kg · hm^{-2}］。本观测结果同样低于Wu等（2010）在德国Höglwald云杉林观测值，其土壤N_2O排放量的变化范围为（0.20 ± 0.01）~（3.24 ± 0.51）kg · hm^{-2} · a^{-1}，多年平均排放量1.22 kg · hm^{-2} · a^{-1}，可能原因是Wu等（2010）观测了全年包括冬春季节冻融期土壤N_2O的排放。Wu等（2010）研究指出，经过冬季长期的低温冻结，1—3月底气温在0 ℃上下频繁交替会引起土壤N_2O的脉冲式排放，占全年N_2O排放量的比例高达24.4% ~ 73.3%。相似地，Guo等（2020）在长白上阔叶红松林的研究也强调冻融期土壤N_2O排放量是生长期的6倍以上。因此，为了准确评价氮添加对长白山阔叶红松林土壤N_2O排放量的影响，未来研究应考虑采用自动观测技术，加强对非生长季尤其是冻融期的观测。此外，虽然Höglwald云杉林与长白山阔叶红松林同属温带森林，但Höglwald云杉林纬度较高（48°30′N），海拔较低（540 m），年平均气温（7.6 ℃）和降水量（850 mm）均高于长白山阔叶红松林，这可能是土壤N_2O排放量较高的原因之一。

观测结果表明，经过7 a施氮处理，土壤N_2O排放量呈逐渐增加趋势（图2.3），与施氮剂量显著正相关（图2.13）。到施氮第7 a，N140处理下生长季（5—10月）土壤N_2O排放量高达（21.30 ± 6.66）kg · hm^{-2}，多年平均排放量为（12.97 ± 2.05）kg · hm^{-2}。以往研究也发现，随着大气氮沉降的逐渐增加，温带森林土壤N_2O排放量也呈逐年增加的趋势，表明土壤N_2O排放对氮输入的响应为正（Wu et al.，2010）。根据Aber等（1989，1998）的假设，随着外源性氮输入的持续进行，当土壤有效氮含量超过植物和微生物的同化能力，将引起土壤N_2O的大量排放。在施氮试验第1 a（2013年）即观测到了土壤N_2O排放随施氮剂量呈指数增加的规律，并界定土壤N_2O通量的临界响应剂量为70 kg · hm^{-2} · a^{-1}（Cheng et al.，2016）。2014年施氮剂量≥N80处理土壤N_2O排放量比2013年增加了1.54 ~ 2.94倍，2019年比2013年增加了2.32 ~ 5.35倍，说明2014年后土壤N_2O排放增速有变缓趋势，施氮剂量之间的差距逐年扩大（图2.3）。然而，2019年施氮剂量低于70 kg · hm^{-2} · a^{-1}的处理土壤N_2O排放量也增加了1.37 ~ 4.75倍，表明施氮对土壤N_2O排放的促进效应逐年积累，目前尚未达到抑制微生物活性的程度。

2.3.2 N_2O排放的季节变化和年际变异规律及环境驱动机制

土壤N_2O排放通量取决于土壤N转化过程中气体的产生、消耗和扩散速率。由于土壤N转化由特定的功能微生物驱动，因而受到许多土壤环境因素的影响（Gödde and Conrad，2000；del Prado et al.，2006；Borken and Matzner，2009）。在众多的驱动因素中，土壤温度和含水量被认为是森林土壤N_2O排放时间变化（小时至年际尺度）的主要驱动因素（Gasche and Papen，1999；Borken and Matzner，2009）。土壤温度直接影响土壤–大气界面N_2O的交换通量。由于酶促过程以及微生物周转速率通常随着温度的升高而增加，因而在其他环境条件不受限制的情况下，随着温度的升高，土壤N_2O排放量将增加。与土壤温度相比，土壤水分的影响更为复杂。土壤水分不仅是土壤中NO_3^-和NH_4^+的运输媒介，同时还影响土壤氧气供应，进而决定土壤是有利于硝化还是反硝化过程的发生，以及反硝化过程进行的程度与产物比例（Pilegaard et al.，2006）。通常土壤含水量较高时因反硝化作用增强会导致土壤N_2O排放量增加，但水分含量过高会导致反硝化进行得比较彻底，N_2O会进一步转化成N_2，导致N_2O实际产生量大幅度下降（Wolf and Russow，2000）。

研究结果表明，长白山阔叶红松林土壤N_2O排放具有明显的季节动态和年际变异。总体上，土壤N_2O排放夏季最高，春秋季较低，与该地区水热同季相一致（Kitzler et al.，2006；Wu et al.，2010）。然而，也有少数研究报道温带森林土壤N_2O排放背景值较低，且没有明显的季节变化（Lamers et al.，2007）。本研究发现，长白山阔叶红松林土壤N_2O排放的季节变化主要受控于土壤温度、水分和氮含量，其中以土壤水分的贡献最大（图2.12，图2.14）。土壤N_2O排放通量的季节变化主要体现在氮添加处理，对照处理下季节变化不明显（图2.3A），表明施氮提高了土壤氮素有效性，与土壤温度、水分等因素协同作用，增加了土壤N_2O产生的季节差异。在生长季，长白山温带森林土壤N_2O排放量与土壤温度、水分均存在显著的正相关关系，但在季节尺度上土壤含水量对N_2O排放的重要性远超过土壤温度（图2.14），这与已有的研究结果相一致（Pilegaard et al.，2006）。潜在的解释如下：5—10月，温度虽有变化但均适宜微生物生长，未成为土壤氮转化的限制性因子；土壤水分含量的高低直接支配着土壤N_2O排放的季节格局，表明长白山温带针阔混交林区土壤含水量变化处于土壤氮转化微生物生存的水分范围之内，未达到抑制其生长的临界点。自然条件下，土壤N_2O排放的年际变异依然受控于气候因素如降水的年际变异（Gasche and Papen，1999；Mu et al.，2008；Song et al.，2009），冬春季气温的年际变异导致的冻融期排放差异（Wu et al.，2010）。与自然状态不同，本研究发现矿质层氮含量与施氮剂量呈极显著正相关关系（图2.13），施氮处理下土壤N_2O排放的年际变异主要是由土壤氮含量尤其是矿质层NO_3^--N含量变化引起的，而土壤水分和温度的贡献率很低（图2.14）。上述研究结果表明，施氮7 a后长白山温带森林生态系统仍然处于氮限制状态，外源氮输入即刻改变土壤N_2O的排放规律。土壤pH也是影响N_2O排放的重要因素（Weslien et al.，2009），通常土壤pH越低，土壤N_2O排放量越高（Wang et al.，2018）。长期持续的氮沉降会引起土壤的酸化，进而促进土壤N_2O的排放（Lu et al.，2014）。与对照相比，连续7年的施氮处理显著降低了土壤的pH（图2.11），无论是季节尺度上还是年际尺度上土壤pH均与施氮剂量呈显著负相关关系（图2.12，图2.13），但是我们没有观测到土壤N_2O排放通量与土壤pH显著相关（图2.12，图2.13）。虽然增氮引起了一定程度的土壤酸化，但是pH下降的幅度不大（最高降幅0.39个单位）。此外，土壤DOC含量表现出明显的季节和年际变化，秋季（9—10月）DOC含量升高，可能与秋季植物凋落物增加有关，新鲜凋落物输入增加了易分解有机质数量，并且此时气温仍然适宜有机质分解（Fröberg et al.，2006）。年际变化上，土壤DOC含量（尤其是有机层）与水分含量、NH_4^+-N含量变化趋势一致，暗示生长季土壤水分的变化控制着土壤有机质的分解和有机氮矿化。然而，土壤N_2O排放与土壤DOC含量关系不显著（图2.12，图2.13），这一方面暗示长白山温带阔叶红松林土壤碳源供应充足且来源多样，依然处于氮限制状态；另一方面说明产生N_2O的微生物类群不受碳源供应的影响，可以进一步推断土壤N_2O排放主要来源于硝化而非反硝化过程（Corre et al.，2003）。

2.4 本章小结

本章以长白山阔叶红松林为研究对象，开展7 a的多水平氮添加控制试验，分析了土壤N_2O排放对长期施氮的响应，阐明了土壤N_2O排放的季节动态、年际变化特征及其环境驱动机制。主要的研究结论如下：第一，自然条件下，2013—2019年长白山阔叶红松林生长季（5—10月）土壤N_2O累积排放量为0.29 ~ 1.19 kg · hm^{-2}，多年平均排放量为（0.55 ± 0.11）kg · hm^{-2}。土壤N_2O排放通量随施氮剂量的增加而增加，且年际变异显著。施氮初期（第1 ~ 2 a）土壤N_2O排放量迅速增加，随着施氮时间延长，土壤N_2O排放量依然保持逐年增加的趋势但增速变缓。施氮第7 a，生长季N140处理土壤N_2O累积排放量达到（21.3 ± 6.66）kg · hm^{-2}，多年平均排放量为（12.97 ± 2.05）kg · hm^{-2}。第二，生长季土壤N_2O排放表现出明显的季节动态，排放量夏季高于春季和秋季。第三，施氮剂量和土壤温度、水分等环境因子共同驱动着土壤N_2O的排放，土壤

N_2O的季节变化主要受土壤水分驱动，而年际变异主要受土壤氮含量尤其是受矿质层土壤NO_3^--N含量驱动。由于温带森林土壤春季冻融过程对N_2O排放贡献显著，因此未来研究应加强非生长季和冻融期土壤N_2O排放的动态观测，以便准确、全面评价外源性氮输入对长白山阔叶红松林土壤N_2O排放量的影响。

第3章

土壤氮初级转化速率对增氮的响应及其与N_2O排放的关系

全球森林生态系统多处于氮限制状态（Li et al.，2016），森林土壤氮可利用性受到外源氮输入（如氮沉降、N_2固定等）和土壤氮转化过程的共同影响。作为氮输入的主要途径，全球大气氮沉降量在过去150 a增加了两倍（Galloway et al.，2008）。大气氮沉降增加，一方面缓解了植物和微生物的氮限制，增加土壤和植物体的氮含量，另一方面也加剧了氮素向水体和大气中的流失（如N_2O排放）（Lu et al.，2011），这些过程都直接或间接地与土壤氮转化速率有关（Cheng et al.，2020）。因此，深入了解森林土壤氮转化过程对增氮的响应特征对理解土壤N_2O排放的驱动机制至关重要。

土壤氮素有效性受到矿化、硝化、固持等土壤N转化过程的调控。氮矿化是由微生物介导的将复杂大分子有机氮分解为简单小分子有机氮（如氨基酸）和无机氮的过程，一方面，增氮可提高凋落物质量（降低凋落物C/N比），进而促进凋落物分解，提高氮矿化（Lu et al.，2011）。另一方面，增氮会抑制微生物活性（Zhang et al.，2018b），降低微生物生物量（Lu et al.，2011），阻碍蛋白质解聚（Chen et al.，2018），进而降低土壤有机氮矿化速率。以上是土壤氮矿化对增氮响应的两种主要机制。此外，土壤中NH_4^+能够被氨氧化细菌（AOB）、氨氧化古菌（AOA）和亚硝酸盐氧化细菌（NOB）等自养微生物氧化为NO_2^-和NO_3^-，而异氧细菌和真菌则利用土壤有机碳作为能源将有机氮（胺）矿化为NO_2^-和NO_3^-（Pedersen et al.，1999）。外源性氮输入尤其是NH_4^+-N输入直接为硝化反应提供底物，提高硝化速率（Baldos et al.，2015）。当土壤C/N比较高时，异养微生物会与自养硝化菌竞争NH_4^+（Booth et al.，2005），增氮倾向于降低土壤C/N

比，进而增加有机氮矿化速率，为硝化细菌提供更多的NH_4^+，促进硝化反应的进行（Cheng et al.，2020）。相反，增氮会导致土壤酸化，也可能抑制硝化反应的发生（Tian and Niu，2015）。由于氮添加通常降低土壤pH，因此增氮条件下大部分氮转化速率是降低的（Zhang et al.，2018a）。

大气氮沉降形态主要包括氧化态NO_3^-、还原态NH_4^+和有机氮，3种形态分别占全国总氮沉降量的33%、40%和27%（Zhu et al.，2015）。近年来，由于全国经济社会发展结构的调整和减排政策的施行，大气沉降NO_4^+/NO_3^-比呈现降低趋势（Yu et al.，2019）。NH_4^+和NO_3^-对土壤N转化的影响不同。例如，在亚热带森林土壤中添加NO_3^-提高了自养硝化而降低了NO_3^-的固持（Gao et al.，2016a），而添加NH_4^+降低了氮初级矿化速率尤其是惰性有机氮的矿化（Gao et al.，2016b）。增氮通常促进土壤N_2O的排放，并且施加NH_4^+-N肥的促进作用强于NO_3^--N肥（Yu et al.，2018）。然而，过去的研究主要关注无机氮输入对土壤氮转化和流失的影响，对有机氮输入的生态效应及其机制知之甚少。

我国东北长白山针阔混交林是典型的温带森林，对大气氮沉降输入十分敏感。该地区的大气氮沉降速率约为23 kg · hm^{-2} · a^{-1}（Wang et al.，2012），目前仍呈增加趋势，未来几十年内可能会超过温带森林生态系统氮沉降的临界阈值（Bobbink and Hettelingh，2011）。在该地区，过去相关研究表明，尿素添加剂量超过60 kg · hm^{-2} · a^{-1}将导致土壤有机层和矿质层NO_3^--N含量分别提高120%～180%和56%～85%（Geng et al.，2017a）；尿素和无机氮添加均能引起土壤NO_3^--N累积，促进土壤N_2O排放（Bai et al.，2014；Cheng et al.，2016）。土壤NO_3^--N含量的变化与N_2O排放量的变化一致，说明硝化-反硝化的耦合作用是氮素富集条件下土壤N损失增加的主要原因（Cheng et al.，2016）。虽然增氮通常会促进硝化作用，但是自养硝化和异养硝化中谁对增氮的响应更敏感仍然未知。此外，有机氮添加对硝化微生物丰度的影响仍不清楚。

过去的研究大多报导的是净氮转化速率（Net N transformation rate），例如，净硝化速率由观测或培养结束与初始土壤NO_3^--N含量之差除以时间计算获得（Murphy et al.，2003），但是由于NO_3^--N的产生和消耗与有机氮的矿化、硝化、反硝化、硝酸盐异化还原成铵（DNRA）以及NO_3^-向有机氮库的固定等一系列过程紧密联系，因而量化这些过程对NO_3^--N的动态变化的贡献十分关键（Han et al.，2018），但传统的计算方法掩盖了自养硝化和异养硝化的相对贡献比例、

NO_3^--N产生与消耗过程等原始信息。与净氮转化相比，氮的初级转化（Gross N transformation）更能深刻地反映土壤氮过程的详细信息（Booth et al.，2005）以及土壤氮状态（Corre et al.，2003），^{15}N稀释法是测定氮初级转化速率最有效的方法，运用十分广泛（Stark，2000）。在^{15}N稀释法研究初期，研究者建立了多种^{15}N标记方法（Kirkham and Bartholomew，1954），随后提出了可以区分多种氮初级转化过程例如区分自养硝化和异养硝化的FLUAZ模型（Barraclough and Puri，1995；Mary et al.，1998）。通过对NH_4^+、NO_3^-或者两个氮库同时进行^{15}N标记，基于^{15}N稀释和^{15}N富集原理，Muller等（2007）建立了完整的氮循环模型，可以同时计算出10种初级氮转化速率。遗憾的是，目前有关土壤氮初级转化速率和功能微生物种群丰度之间的关系缺乏系统分析，这阻碍了我们对增氮条件下土壤N循环机制的理解。

本章对长白山温带针阔混交林施氮试验样地0 $kg \cdot hm^{-2} \cdot a^{-1}$、20 $kg \cdot hm^{-2} \cdot a^{-1}$、60 $kg \cdot hm^{-2} \cdot a^{-1}$、120 $kg \cdot hm^{-2} \cdot a^{-1}$处理样方的土壤进行室内$^{15}N$成对标记试验，结合$^{15}N$示踪模型评估10种氮素初级转化速率，以期明确土壤氮状态对有机氮添加的响应机制。本章的研究目标：一是明确尿素添加对土壤生物化学属性、微生物种群丰度、氮素初级转化速率和土壤N_2O排放的影响；二是揭示土壤N_2O排放量与土壤氮初级转化速率、土壤属性、微生物种群丰度之间的联系。我们提出两点假设：①多剂量尿素添加倾向于提高自养硝化速率，促进土壤NO_3^--N累积；②真菌是土壤惰性有机氮矿化和氧化（异养硝化）的主要承担者。

3.1 材料与方法

3.1.1 研究区概况与试验设计

以我国东北长白山阔叶红松林为研究对象，基于长期多水平施氮控制试验平台开展研究。研究区信息和施氮试验设计详见2.1.1。

3.1.2 土壤样品采集和土壤属性测定

选取长白山野外施氮控制试验中N0、N20、N60、N120等4个处理进行^{15}N

同位素标记试验，上述4个处理分别称之为对照、低氮、中氮和高氮。沿着样方对角线选择10个样点，每个样点先移除地表凋落物，用2.5 cm直径的土钻采集0～10 cm层土壤，10个样点土壤均匀混合为一个样品。土壤过2 mm筛，分成3份运回实验室，分别用于^{15}N成对标记试验、土壤属性测定和微生物指标测定。

土壤用2 mol・L^{-1} KCl溶液浸提后，利用流动化学分析仪测定滤液中NH_4^+-N、NO_3^--N和总可溶性氮（TDN）的含量。可溶性有机氮（DON）含量等于总可溶性氮（TDN）与总无机氮（NH_4^+-N+NO_3^--N）之差。土壤pH用电极法测定（土水比1：2.5）。具体测定方法详见2.1.2.2。

3.1.3 ^{15}N同位素标记试验

土壤氮初级转化速率采用^{15}N成对标记技术结合^{15}N示踪模型$Ntrace_{\mathrm{Basic}}$（Müller et al.，2007）进行量化。具体操作步骤如下。

（1）预培养　先检查培养箱的状况，培养箱内上下温度是否相对均匀，是否在实验误差以内。而后称取相当于20 g干土重的新鲜土样（过2 mm筛）于250 mL三角瓶中，25℃培养24 h，瓶口用保鲜膜封口、扎孔以便土壤通气和维持水分。

（2）加标记液　预培养1 d后，把所有三角瓶从培养箱取出。标记氨和标记硝各放一边，并且按培养时间分开放置，以防混淆。采用原子百分超为10%的$^{15}NH_4NO_3$和$NH_4{}^{15}NO_3$进行^{15}N标记。将3 mL的^{15}N溶液用注射器均匀添加至每一培养瓶，N添加量为2.86 μmol・g^{-1}（NH_4^+-N 20 μg・g^{-1}和NO_3^--N 20 μg・g^{-1}）（干基，下同）。标记时需二人配合进行，一人标记氨一人标记硝，同一批样品尽量保证同时标记，将0.5 h的样品放在最后进行标记，并尽可能在最短的时间内高质量完成。标记完成后迅速加入去离子水调节到所需的持水量的60%，并记录各部分时间。瓶口用Parafilm膜封口并扎上小孔，防止水分蒸发同时保证气体流通，25℃恒温恒湿培养144 h。

（3）测定土壤NH_4^+-N和NO_3^--N的浓度和丰度　具体如下。

浸提、振荡、过滤：在培养0.5 h、48 h、96 h和144 h进行破坏性取样（每次随机抽取3个重复），去掉封口膜，加入2 mol・L^{-1}的KCl溶液（土水比为1：5），再次封口后置于250 r・min^{-1}、25℃的恒温振荡箱中振荡1 h，浸提出土壤无机氮，随后用定性滤纸过滤浸提液，4℃保存备用。

定氮仪蒸馏：先测定仪器的回收率，即吸取已知浓度的铵态氮和硝态氮的标准溶液，加入MgO 0.2～0.25 g放入蒸馏管中，装入定氮仪，放好加入5 mL硼酸指示剂混合液的三角瓶，开始蒸馏，以分离出NH_4^+-N。随后向蒸馏管内加入0.2～0.25 g Devardas定氮合金，继续蒸馏分离出NO_3^--N。

滴定：用0.02 mol · L^{-1}的H_2SO_4滴定小三角瓶中的溶液，从绿色刚变为粉红色，到滴定终点后，记录此时消耗H_2SO_4的体积，接着对样品补加稀硫酸，一般两滴左右。

烘样浓缩：将滴定后的样品放入80℃烘箱烘干。

刮样包样：将烘干的样品用药匙仔细从三角瓶的底部刮下，装入封口袋中，取大约50 mg样品用以^{15}N丰度测定。

在利用分馏系统分离NH_4^+-N和NO_3^--N之前，测定标准溶液的NH_4^+-N和NO_3^--N回收率。NH_4^+-N和NO_3^--N含量用连续流动分析仪（Skalar，Breda，Netherlands）测定，^{15}N丰度用同位素比率质谱仪测定（Zhang et al.，2011b）。

3.1.4 ^{15}N示踪模型*Ntrace*$_{\text{Basic}}$

运用^{15}N示踪模型（Müller et al.，2007）量化氮素初级转化速率。其基本原理为：将$^{15}NH_4NO_3$和$NH_4{}^{15}NO_3$双标记处理所得到的各个培养时段NH_4^+-N和NO_3^--N含量及其标准差以及^{15}N原子百分超输入模型中，通过最小化观测数据与模型模拟数据的差值来优化动力学方程（0级、1级或者米氏方程），进而计算得到土壤氮素初级转化速率（Rütting and Müller，2008）。所需数据为^{15}N示踪试验中两个处理的NH_4^+-N、$NO_3{}^+$-N浓度及其^{15}N丰度，以及他们各自的标准偏差。这些参数通过MCMC算法（Markov chain monte carlo）进行优化，氮库的初始浓度根据Müller等（2004）推荐的方法确定，NH_4^+和NO_3^-在零时刻的浓度由t = 0.5 h和t = 144 h的数据反推获得。将MCMC算法的各个步骤在Matlab软件中进行编程，用以调用分别建立在Simulink组件中的多个子模型，再将相应的参数录入到模型所对应的Excel表格中即可开始运行模型。模型优化过程的结果为关于各个参数的概率密度函数，通过这些函数可以计算出相关参数的均值和方差。每次优化会进行3个平行过程来确定适当的迭代次数。为了得到更好的模型来模拟氮转化动态，需要利用Rütting等（2007）中的方法来对模型进行初值、动力学方程进行校正。最终结果以计算试验数据与模型模拟数据之间契合程度的Akaike信息准则（Akaike's information criterion，AIC）进行判断和选定。基于动力学参数设定和最终得到的参数，即可得到整个试验周期内的平均氮转化速率，单位是$mg \cdot kg^{-1} \cdot d^{-1}$。

模型最终运算出10个氮素初级转化速率：①M_{Nlab}，活性有机氮矿化为NH_4^+；②M_{Nrec}，惰性有机氮矿化为NH_4^+；③$I_{NH4-Nlab}$，微生物固持NH_4^+到活性氮库；④$I_{NH4-Nrec}$，微生物固持NH_4^+至惰性氮库；⑤R_{NH4ads}，吸附态NH_4^+的释放；⑥A_{NH4}，NH_4^+吸附到离子交换点位上；⑦O_{NH4}，NH_4^+的氧化，即自养硝化；⑧O_{Nrec}，惰性有机氮氧化为NO_3^-，即异养硝化；⑨I_{NO3}，微生物固持NO_3^-；⑩D_{NO3}，NO_3^-异化还原为铵。

基于上述原理，本章根据研究区域的特点选取特定过程的动力学方程等级（可采用0级、1级或米氏动力学方程）并设定初值，将上述培养试验中所测定的不同时间NH_4^+和NO_3^-的浓度和^{15}N丰度（包括平均值和标准差）输入到模型的相应位置，同时将样品的总氮含量、所采用的标记液浓度录入模型，通过模型的运算可以优化计算出上述10个过程的土壤氮素初级转化速率。采取Rutting 等（2007）使用的方法对模型进行修正，包括动力方程的修改和N转化速率初值的调整，同时，还要考虑各个氮库之间的相关关系，最终找到最合适的模型进行模拟，得到相对合理试验结果。

我们通过进一步计算各初级氮转化速率综合表达土壤的氮转化过程：总矿化（$M_{Nlab}+M_{Nrec}$）、总硝化（$O_{Nrec}+O_{NH4}$）、总固持（$I_{NH4-Nrec}+I_{NH4-Nlab}+I_{NO3}$）以及净矿化（$M_{Nlab}+M_{Nrec}-I_{NH4-Nrec}-I_{NH4-Nlab}$）、净硝化（$O_{Nrec}+O_{NH4}-I_{NO3}-D_{NO3}$）和净固持速率（$I_{NH4-Nrec}+I_{NH4-Nlab}+I_{NO3}-M_{Nlab}-M_{Nrec}-O_{Nrec}$）。除此之外，我们还计算了$NO_3^-$的持留能力［（$I_{NO3}+D_{NO3}$）/（$O_{Nrec}+O_{NH4}$）］、总硝化与总$NH_4^+$固持比率［$N/I_A=O_{NH4}$/（$I_{NH4-Nrec}+I_{NH4-Nlab}$）］和有机氮周转时间［TON/（$M_{Nlab}+M_{Nrec}$）］。

3.1.5 AOA和AOB *amoA*基因丰度的测定

称取约0.3 g鲜土，采用PowerSoil土壤DNA提取试剂盒（Mo Bio

Laboratories，Inc.，San Diego，CA，USA）提取DNA，具体操作步骤参照说明书进行。用NanoDrop分光光度计（NanoDrop Technologies，USA）和琼脂糖凝胶电泳（1% w/v in TAE）检测DNA浓度和质量，随后将检测合格的DNA样品-20℃保存备用。实时荧光定量PCR反应采用SYBR green kits试剂盒在LightCycler®480 Real-Time PCR system仪器上进行，具体的反应体系参照表3.1。

表3.1　qPCR反应体系的配制

试剂	使用量（μL）
SYBR® Green Mix	5
Forward primer（10 μM）	0.5
Reverse primer（10 μM）	0.5
Template DNA	1
Nuclease-free water	3

引物序列为AOA *amoA*：Arch-amoAF（5′-STAATGGTCTGGCTTAGACG-3′）和Arch-amoAR（5′-GCGGCCATCCATCTGTATGT-3′）；AOB *amoA*：amoA1F（5′-GGGGTTTCTACTGGTGGT-3′）和amoA2R（5′-CCCCTCKGSAAAGCCT TCTTC-3′）。扩增条件为AOA *amoA*：95℃ 10 s，45个循环（95℃ 5 s，54℃ 45 s，72℃ 45 s），AOB *amoA*：95℃ 30 s，55个循环（95℃ 5 s，57℃ 45 s，72℃ 45 s）。每个质粒和土壤DNA样品都设置3个平行，加入3个阴性对照，反应结束后根据质粒基因拷贝数计算出样品中目的基因拷贝数。

3.1.6　磷脂脂肪酸（PLFA）测定

土壤细菌和真菌丰度利用磷脂脂肪酸（PLFA）方法进行测定（Bossio and Scow，1998）。简要测定步骤为：称取相当于8 g干重的鲜土，经提取液（甲醇：氯仿：磷酸缓冲液=2：1：0.8）反复浸提获取脂质，随后将浸提液、12 mL三氯甲烷和12 mL磷酸缓冲液均倒入分液漏斗中，避光静置过夜。收集分液漏斗下层目标液体进行萃取分离，获取的磷脂脂肪酸进行甲基化处理，氮吹并排空氧气后封存于-80℃冰箱备用，最终将脂肪酸甲酯溶解在0.2 mL含有19：0的已烷中作为内标物。利用气相色谱（GC-6850 Agilent Technologies，Santa Clara，CA，USA）结合MIDI系统（Microbial ID. Inc.，Newark，DE）量化分析PLFA。土壤微生物总生物量用PLFA的总和表示，真菌生物量用18：3ω6c、18：2ω6c和18：1ω9c总和表示（DeGrood et al.，2005）。用于参比的是C9到C30的混合标准样品。整个测定过程要注意避光和密封尽可能减少PLFA的氧化。不同的PLFA用来代表不同的功能微生物种群。

3.1.7 数据统计分析

运用单因素方差分析（One-way ANOVA）评估尿素添加对土壤N_2O排放量、土壤属性、氮初级转化速率以及微生物生物量的影响，选取Duncan多重比较方法检验各施氮处理间的差异及其显著性。运用Person相关分析和线性回归模型评价土壤N_2O排放量、氮初级转化速率与土壤生物和非生物因子（原值或响应比）之间的关系。上述数据统计分析均在SPSS软件（version 19.0）中进行。此外，运用冗余分析（Redundancy analysis，RDA）区分土壤生物和非生物属性对土壤氮素初级转化速率、N_2O排放的相对贡献，RDA用R软件（R Core Team，2020）中vegan包进行分析。

3.2 结果与分析

3.2.1 土壤N_2O排放速率与土壤理化属性

尿素添加对土壤N_2O排放影响显著（$P=0.02$），高氮添加（N120）导致土壤N_2O排放速率增加了14.6倍，而低氮和中氮添加影响不显著（表3.2）。对照处理样方土壤含水量平均为41%，pH平均为5.38，尿素添加未对其产生显著影响（表3.2）。不同剂量氮添加处理土壤总碳（TC）含量为5.88%～7.66%，总氮（TN）为0.46%～0.63%，C/N比为12.39～13.78，不同试验处理间差异不显著（表3.2）。土壤无机氮以NO_3^--N为主（NO_3^--N/NH_4^+-N比=6.5，表3.2），不同剂量的尿素添加导致土壤NO_3^--N含量增加了37.81%～88.18%（$P=0.002$），但是尿素添加没有显著改变NH_4^+-N含量（表3.2）。

表3.2　不同试验处理下土壤N_2O排放速率和0 ~ 10 cm层土壤理化属性

指标	N0	N20	N60	N120	*F*	*P*
N_2O 通量（$\mu g \cdot m^{-2} \cdot h^{-1}$）	24.33 ± 18.22b	32.65 ± 25.15b	19.78 ± 5.64b	379.03 ± 162.06a	4.59	0.02
SWC（%）	41.00 ± 3.34	45.46 ± 2.33	46.01 ± 5.56	53.06 ± 5.05	1.36	0.30
pH	5.38 ± 0.07	5.38 ± 0.11	5.29 ± 0.04	5.24 ± 0.06	0.86	0.49
TC（%）	6.61 ± 1.30	7.47 ± 1.64	5.88 ± 1.15	7.66 ± 0.81	0.42	0.74
TN（%）	0.53 ± 0.09	0.54 ± 0.09	0.46 ± 0.08	0.63 ± 0.10	0.63	0.61
C/N比	12.39 ± 0.41	13.78 ± 1.30	12.71 ± 0.35	12.42 ± 0.72	0.68	0.58
NH_4^+-N（$mg \cdot kg^{-1}$）	4.92 ± 0.52	4.52 ± 0.81	4.73 ± 0.83	4.30 ± 0.96	0.11	0.95
NO_3^--N（$mg \cdot kg^{-1}$）	31.90 ± 5.58c	43.96 ± 3.28b	45.23 ± 2.95b	60.03 ± 2.52a	9.33	0.002

注：N0、N20、N60和N120分别表示尿素添加剂量0 $kg \cdot hm^{-2} \cdot a^{-1}$、20 $kg \cdot hm^{-2} \cdot a^{-1}$、60 $kg \cdot hm^{-2} \cdot a^{-1}$和120 $kg \cdot hm^{-2} \cdot a^{-1}$；SWC，土壤含水量；TC，土壤总碳含量；TN，总氮含量；数据为平均值 ± 标准误，不同小写字母表示各施氮剂量之间差异显著（$P<0.05$）。

3.2.2　土壤氮初级/净转化速率

对照处理下，惰性有机氮矿化速率（M_{Nrec}）约为活性有机氮矿化速率（M_{Nlab}）的2倍，总初级矿化速率（$M_{Nlab}+M_{Nrec}$）与总初级NH_4^+-N固持速率（$I_{NH4\text{-}Nrec}+I_{NH4\text{-}Nlab}$）相近，表明土壤处于矿化-固持平衡状态（表3.3）。低氮（N20）和中氮添加（N60）倾向于降低活性有机氮矿化速率（M_{Nlab}），而高氮添加（N120）导致M_{Nlab}提高了24.1%（$P=0.005$）。尿素添加显著降低了微生物固持NH_4^+至惰性氮库（$I_{NH4\text{-}Nrec}$）的速率（$P=0.002$）。高氮添加导致土壤自养硝化速率（O_{NH4}）显著提高了88.1%（$P<0.001$），但对异养硝化速率（O_{Nrec}）无显著影响（表3.3）。从表3.3中可见，氮添加导致初级硝化速率与初级NH_4^+固持速率之比（N/I_A）平均提高了87.9%（从-0.001%提高至191%）。

表3.3 基于[15]N示踪模型的土壤氮初级转化速率

转化过程	初级转化速率（$mg \cdot kg^{-1} \cdot d^{-1}$）				*F*	*P*
	N0	N20	N60	N120		
M_{Nlab}	0.54 ± 0.03ab	0.42 ± 0.07bc	0.29 ± 0.06c	0.67 ± 0.07a	7.39	0.005
$I_{NH4-Nlab}$	0.49 ± 0.10	0.26 ± 0.04	0.48 ± 0.16	0.53 ± 0.01	1.60	0.240
M_{Nrec}	1.05 ± 0.33	0.97 ± 0.05	1.23 ± 0.18	1.10 ± 0.08	1.12	0.380
$I_{NH4-Nrec}$	0.96 ± 0.06a	0.43 ± 0.14b	0.56 ± 0.05b	0.45 ± 0.01b	9.81	0.002
O_{Nrec}	0.12 ± 0.01	0.20 ± 0.12	0.25 ± 0.13	0.38 ± 0.17	0.74	0.550
I_{NO3}	0.010 ± 0.001	0.005 ± 0.002	0.007 ± 0.002	0.010 ± 0.003	1.30	0.320
O_{NH4}	1.68 ± 0.34b	1.28 ± 0.13b	1.04 ± 0.24b	3.16 ± 0.25a	14.37	<0.001
D_{NO3}	0.10 ± 0.03	0.10 ± 0.02	0.10 ± 0.03	0.19 ± 0.05	1.80	0.200
A_{NH4}	0.43 ± 0.08	0.33 ± 0.10	0.29 ± 0.04	0.28 ± 0.10	0.62	0.610
R_{NH4a}	0.52 ± 0.18	0.35 ± 0.19	0.29 ± 0.03	0.19 ± 0.09	1.00	0.430

注：M_{Nlab}，活性有机氮矿化为NH_4^+；$I_{NH4-Nlab}$，微生物固持NH_4^+到活性氮库；M_{Nrec}，惰性有机氮矿化为NH_4^+；$I_{NH4-Nrec}$，微生物固持NH_4^+至惰性氮库；O_{Nrec}，惰性有机氮氧化为NO_3^-，即异养硝化；I_{NO3}，微生物固持NO_3^-；O_{NH4}，NH_4^+的氧化，即自养硝化；D_{NO3}，NO_3^-异化还原为铵；A_{NH4}，NH_4^+吸附到离子交换点位上；R_{NH4a}，吸附态NH_4^+的释放。N0、N20、N60和N120分别表示尿素添加剂量为0 $kg \cdot hm^{-2} \cdot a^{-1}$、20 $kg \cdot hm^{-2} \cdot a^{-1}$、60 $kg \cdot hm^{-2} \cdot a^{-1}$和120 $kg \cdot hm^{-2} \cdot a^{-1}$；数据为平均值±标准误，不同小写字母表示各施氮剂量之间差异显著（$P<0.05$）。

综合指标中，尿素添加对总初级矿化速率无显著影响，但导致净矿化速率显著提高了2.2～4.2倍（图3.1a）。土壤初级硝化速率和净硝化速率对尿素添加的响应一致，表现为低氮和中氮添加影响不显著，而高氮添加使之提高96%（图3.1b）。不同剂量的尿素添加导致初级NH_4^+固持速率（I_A）降低了27.9%～51.7%。与对照相比，氮添加导致土壤氮素净矿化速率降低了1.7～3.4倍（图3.1c）。对照处理下土壤有机氮周转时间为33.09 d，尿素添加不影响有机氮周转时间和NO_3^-的持留能力（图3.1d）。

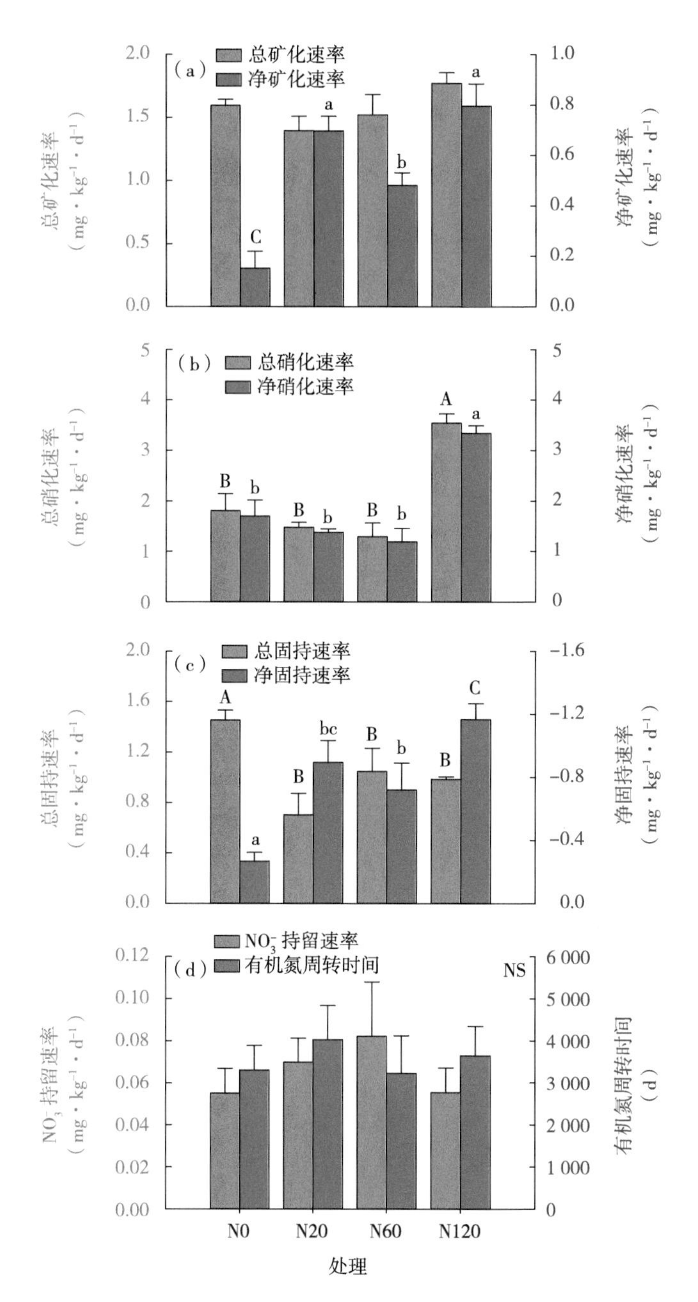

图3.1 不同剂量尿素添加对温带森林氮初级和净转化速率的影响

注：N0、N20、N60和N120分别表示尿素添加剂量为0 kg · hm^{-2} · a^{-1}、20 kg · hm^{-2} · a^{-1}、60 kg · hm^{-2} · a^{-1}和120 kg · hm^{-2} · a^{-1}；直方图上的直线为标准误（n=4）；不同大写或小写字母分别表示不同施氮剂量之间存在显著差异（P<0.05），NS表示差异不显著。

3.2.3 微生物功能基因丰度和种群丰度

对照处理AOA和AOB *amoA*基因平均拷贝数分别为6.16×10^7个·g^{-1}和11.35×10^7个·g^{-1}（干基，下同），AOB基因丰度高于AOA（图3.2a）。尿素添加均显著提高AOA和AOB *amoA*基因丰度，但AOA仅在高剂量（N120）处理下增加显著，而AOB基因丰度各增氮剂量间差异不显著（图3.2a）。增氮对总PLFA和真菌PLFA丰度均无显著影响（图3.2b）。

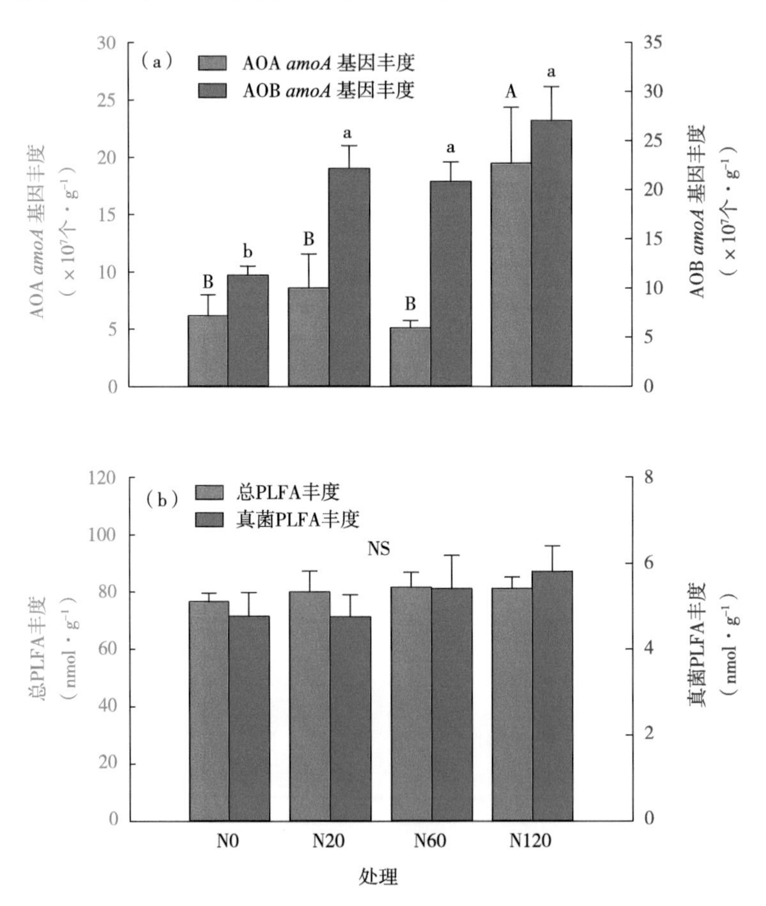

图3.2 不同试验处理下AOA、AOB *amoA*基因丰度（a）以及微生物总PLFA和真菌PLFA丰度（b）

注：N0、N20、N60和N120分别表示尿素添加剂量0 kg·hm^{-2}·a^{-1}、20 kg·hm^{-2}·a^{-1}、60 kg·hm^{-2}·a^{-1}和120 kg·hm^{-2}·a^{-1}；数据为均值和标准误（$n=4$）；不同大写和小写字母分别表示不同试验处理间差异显著（$P<0.05$），NS表示差异不显著。

3.2.4 土壤 N_2O 排放量、土壤氮转化速率与生物/非生物因子之间的关系

土壤含水量（SWC）与TC、TN、NO_3^--N、AOA以及AOB基因丰度正相关，而与NH_4^+-N负相关（图3.3a）。土壤pH与真菌PLFA负相关，而土壤NO_3^--N含量与AOA和AOB基因丰度正相关（图3.3a）。土壤N_2O排放速率与土壤pH负相关，而与土壤NO_3^--N含量、AOA和AOB基因丰度、真菌PLFA丰度均呈现正相关关系（图3.3b）。10种土壤氮初级转化速率中，M_{Nrec}和$I_{NH4-Nlab}$与真菌PLFA丰度、总PLFA丰度均呈正相关关系，表明土壤微生物种群尤其是真菌在惰性氮矿化以及NH_4^+-N固持中起着关键性的作用。然而，$I_{NH4-Nrec}$与NO_3^--N含量、AOB基因丰度均呈负相关，表明土壤NO_3^--N累积和AOB基因丰度的增加会降低NH_4^+-N固持到惰性有机氮库（图3.3b）。自养硝化速率（O_{NH4}）与AOA基因丰度正相关性最强，其次为NO_3^--N含量、SWC（图3.3b），而异养硝化速率（O_{Nrec}）与真菌PLFA丰度正相关（图3.3b）。DNRA过程（D_{NO3}）与SWC、AOA基因丰度和土壤NO_3^--N含量正相关，而A_{NH4}速率与土壤NH_4^+-N含量正相关（图3.3b）。土壤N_2O排放速率主要与M_{Nrec}、O_{Nrec}以及O_{NH4}速率正相关（图3.3b）。

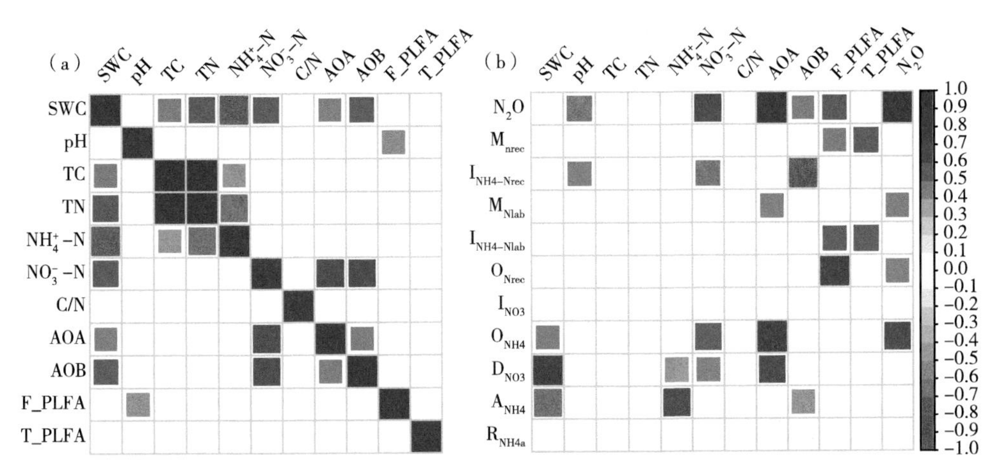

图3.3 土壤属性之间（a）以及土壤N_2O排放、土壤氮初级转化速率与土壤属性之间（b）的相关系数矩阵热图

注：蓝色和红色方块分别代表正相关和负相关，方块的大小和颜色深浅均表示相关性的强弱，颜色越深，相关性越强；图中方块表示相关性显著（$P<0.05$），空白表示相关性不显著。F_PLFA表示真菌PLFA丰度；T_PLFA表示总FLFA丰度。

冗余分析结果表明，土壤生物因子和理化属性可共同解释氮初级转化速率变异的51.53%（图3.4）。高氮添加（N120）与其他剂量之间土壤氮初级转化速率分异明显，自养硝化速率（O_{NH4}）的最大值也出现在N120处理中。对土壤氮转化速率调控作用最强的因素为SWC、AOA基因丰度和真菌PLFA丰度（图3.4）。自养硝化速率（O_{NH4}）和DNRA速率（D_{NO3}）与AOA基因丰度和土壤NO_3^--N含量有关，而异养硝化速率（O_{Nrec}）与真菌PLFA丰度关系最强（图3.3，图3.4）。

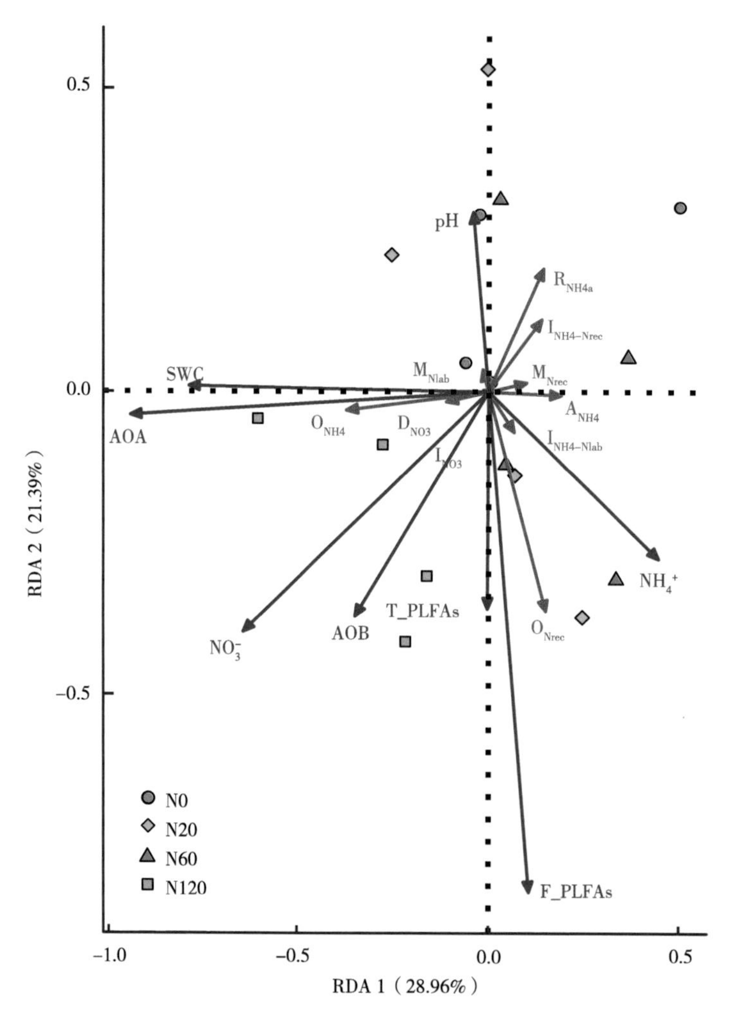

图3.4　土壤生物化学属性约束下土壤N_2O排放通量、土壤氮初级转化速率的冗余分析

注：N0、N20、N60和N120分别表示尿素添加剂量为0 kg·hm^{-2}·a^{-1}、20 kg·hm^{-2}·a^{-1}、60 kg·hm^{-2}·a^{-1}和120 kg·hm^{-2}·a^{-1}。

随增氮剂量的变化，自养硝化速率的响应比与AOA基因丰度的响应比正相关（图3.5a），说明二者对增氮剂量的响应表现为协同，但自养硝化速率与AOB的变化相关性不显著（图3.5b）。相似地，异养硝化速率的响应比与真菌PLFA的响应比线性正相关，初级固持速率的响应比与总PLFA的响应比线性正相关（图3.5c、d）。上述结果表明，增氮条件下AOA基因和真菌分别主导了自养硝化和异养硝化过程，而所有微生物种群均对土壤无机氮的固持发挥作用。

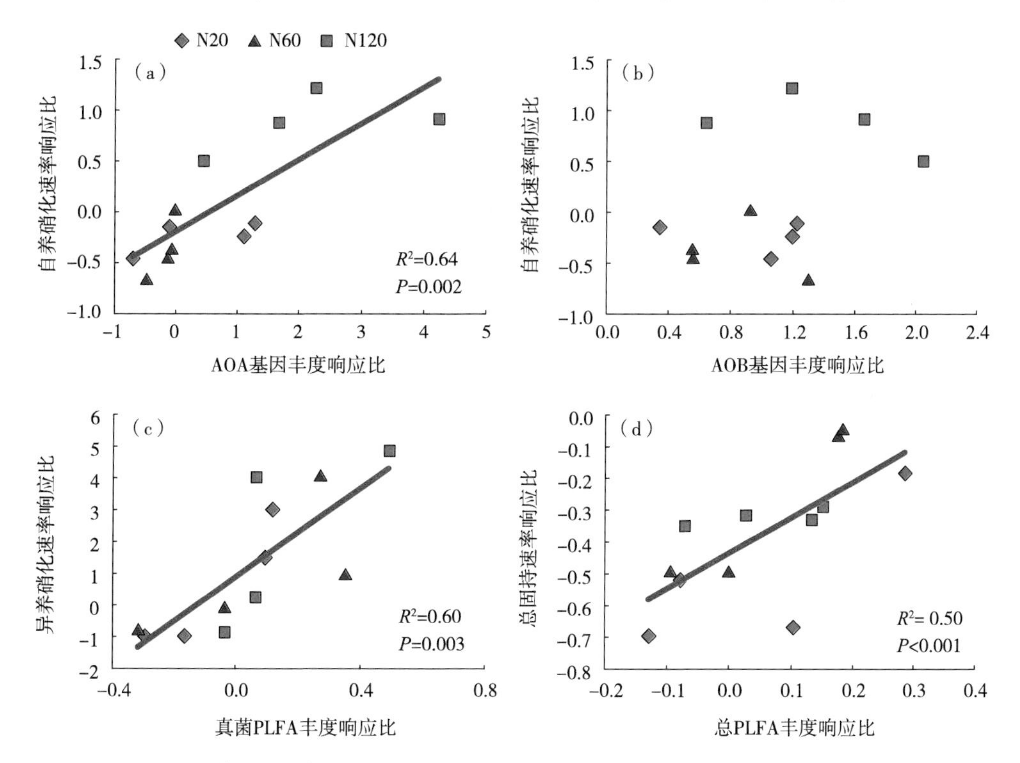

图3.5 土壤氮初级转化速率的响应比与土壤微生物种群丰度响应比之间的关系

注：N0、N20、N60和N120分别表示尿素添加剂量为0 kg · hm^{-2} · a^{-1}、20 kg · hm^{-2} · a^{-1}、60 kg · hm^{-2} · a^{-1}和120 kg · hm^{-2} · a^{-1}。

随增氮剂量的变化，土壤N_2O排放速率的响应比与AOA基因丰度的响应比正相关，而与AOB的变化无显著相关性（图3.6a、b）。土壤N_2O排放速率的响应比随土壤pH的响应比的增加而呈非线性下降，说明随着施氮剂量的增加，土壤pH降低，土壤N_2O排放速率增加，二者表现为拮抗关系（图3.6c）。土壤NO_3^--N含量与N_2O排放速率对增氮的响应表现为协同，间接说明硝化反应是土壤N_2O的主要来源（图3.6d）。土壤活性氮矿化速率和自养硝化速率与N_2O排放速率对增氮的响应均表现为协同，直接说明尿素添加下自养硝化反应是土壤N_2O的主要产生过程（图3.6e、f）。

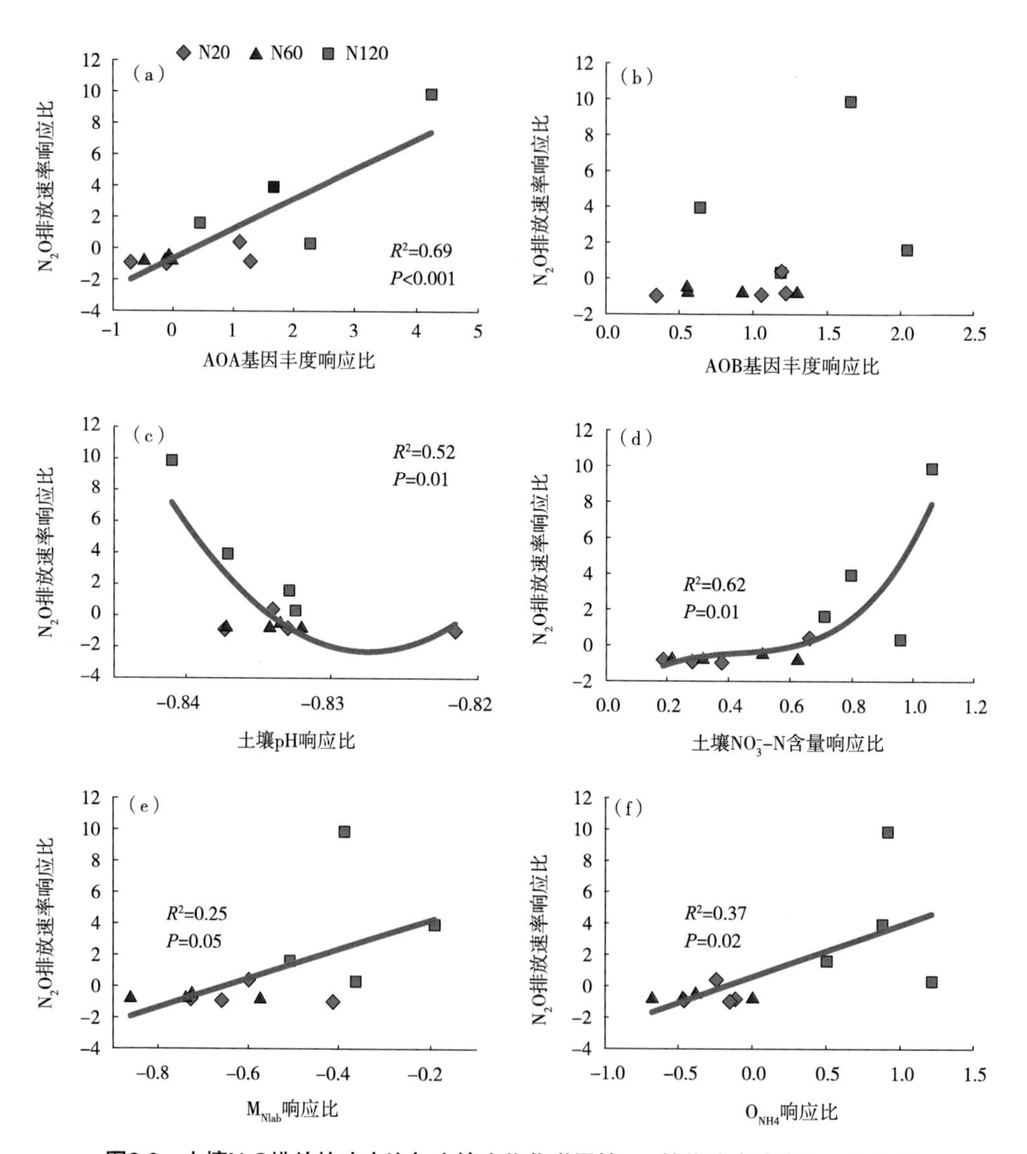

图3.6　土壤N_2O排放的响应比与土壤生物化学属性、N转化速率响应比间的关系

注：N0、N20、N60和N120分别表示尿素添加剂量为0 kg · hm^{-2} · a^{-1}、20 kg · hm^{-2} · a^{-1}、60 kg · hm^{-2} · a^{-1}和120 kg · hm^{-2} · a^{-1}。

3.3 讨论

3.3.1 有机氮添加对土壤氮矿化和固持的影响

尿素添加仅显著提高了活性有机氮的矿化速率（M_{Nlab}）（表3.3），由于M_{Nlab}仅占总矿化的33%，因而总初级矿化速率未发生显著的变化（图3.1a）。Tian等（2018）在小兴安岭红松林开展了6 a的梯度为0 kg·hm^{-2}·a^{-1}、30 kg·hm^{-2}·a^{-1}、60 kg·hm^{-2}·a^{-1}、120 kg·hm^{-2}·a^{-1}尿素添加试验，也得出相似的结论。然而，Sun等（2016）在长白山阔叶红松林开展了6 a的NH_4NO_3-N 50 kg·hm^{-2}·a^{-1}施肥试验，结果表明，增氮提高了土壤TC和TN含量，进而促进了土壤氮总初级矿化速率。截然不同的研究结果说明尿素添加与无机氮添加对土壤氮矿化的影响不一致，可能的原因是土壤碳、氮含量对不同形态的外源氮响应不同。在以往的研究中，即使都添加无机氮，土壤氮矿化的响应也因森林类型、土壤类型和层次、施氮剂量和持续时间而异（Christenson et al.，2009；Cheng et al.，2011；Gao et al.，2016c；Tian et al.，2018；Song et al.，2019）。此外，土壤活性和惰性有机氮库对有机态氮输入的响应也不相同（Kuroiwa et al.，2011），导致增氮对土壤氮初级矿化的影响十分复杂。土壤惰性氮矿化速率（M_{Nrec}）与真菌PLFA正相关（图3.3b），说明真菌在土壤复杂大分子有机氮降解中扮演关键角色。

土壤C/N比是影响土壤有机氮矿化速率的重要因素。在高C/N比的土壤中，微生物处于氮限制的环境，外源氮添加能缓解微生物氮限制进而提高土壤C、N矿化速率（Averill and Waring，2018）。本研究发现，尿素添加未显著改变总初级矿化速率，可能是因为土壤C/N比未发生改变（表3.2）。同时，由于微生物对氮的迫切需求，高土壤C/N比能促进土壤氮固持（Arunachalam et al.，1998）。相反，在低C/N比的土壤中微生物生长受碳限制，因而对氮输入的响应不敏感。研究指出土壤C/N比的临界点大约为14.6，超过该值增氮将促进土壤有机氮的矿化（Cheng et al.，2020）。本研究土壤C/N比为12.4～13.8，低于上述临界点，因而土壤氮初级矿化速率对增氮未产生响应。然而，不同剂量的氮输入对土壤净氮矿化速率具有促进作用（图3.1a），说明施氮提高了土壤NH_4^+-N的有效性，这主要归因于NH_4^+固持尤其是固持到惰性氮库的速率（$I_{NH4\text{-}Nrec}$）的降低（表3.3）。

微生物氮固持是土壤氮持留的重要作用机制。由于微生物细胞固持NO_3^-所需的能量较高（Lindell and Post，2001），因而与NO_3^-相比，土壤微生物一般优先利用NH_4^+，导致土壤NH_4^+固持速率通常较高。本研究发现，对照处理初级NH_4^+固持速率为初级NO_3^-固持速率的145倍（表3.3），证实了上述假说。尿素添加降低氮初级固持速率尤其是NH_4^+固持到惰性氮库的速率（$I_{NH4-Nrec}$）（表3.3，图3.1c），这在以往研究中已有报道（Bengtsson and Bergwall，2000；Corre et al.，2003；Venterea et al.，2004）。通常认为增氮条件下土壤氮固持速率降低与微生物生物量、丰度、物种多样性降低以及土壤pH下降有关（Treseder，2008；Tian and Niu，2015；Chen et al.，2018；Zhang et al.，2018a），但本研究发现，尽管土壤氮总固持速率与总PLFA对增氮的响应一致，增氮却并未明显降低土壤pH和微生物PLFA丰度（表3.2，图3.2b），因此本研究观测到的土壤氮固持速率降低并非微生物生物量减少和土壤酸化引起的。$I_{NH4-Nrec}$与土壤NO_3^--N含量、AOB基因丰度负相关（图3.5），表明施氮增加土壤NO_3^--N含量和AOB基因丰度是$I_{NH4-Nrec}$降低的可能原因。

3.3.2 有机氮添加对硝化速率和NO_3^--N累积的影响

土壤硝化分为自养硝化和异养硝化，二者的相对重要性因生态系统类型而异（Zhang et al.，2018a）。研究表明，酸性森林土壤中以自养硝化为主（Gao et al.，2016b），而且AOA基因丰度与土壤硝化速率正相关（Leininger et al.，2006）。本研究中，对照处理自养硝化速率是异养硝化速率的14倍，占总初级硝化的80%（表3.3），而且自养硝化速率与AOA基因丰度正相关（图3.3b，图3.5a）。以上结果表明，温带针阔混交林土壤自养氨氧化主要由AOA承担，这与许多酸性土壤中的研究结果相一致（Jia and Conrad，2009；Gubry-Rangin et al.，2010；Zhang et al.，2012）。Hodge等（2000）研究表明，酸性土壤中真菌可降解复杂有机物质产生NO_3^-，本研究也证实异养硝化的存在；与自养硝化相比，异养硝化速率小一个数量级且主要由真菌主导（图3.3，图3.5c）。上述结果验证了假设②。

由AOA和AOB介导的氨氧化过程是硝化反应的限速步骤，受一系列生物化学因素（如底物有效性和pH）的调控（Zhang et al.，2012）。本研究发现，土壤氨氧化微生物功能基因丰度与土壤含水量及NO_3^--N含量正相关（图3.3）。由于对土壤酸化十分敏感，AOB在pH低于5.5的环境下不再具备氨氧化的能力（de Boer and Laanbroek，1989）。本研究土壤pH平均低于5.3（表3.2），因而硝化反应以耐酸性较强的AOA为主导。此外，还有研究发现AOA具备水解尿素的功能（Levy-Booth et al.，2014），在尿素添加的酸性土壤中可以促进氨氧化反应的进行。

土壤硝化速率对尿素添加的响应具有剂量依赖性，临界响应阈值为50 ~ 150 kg · hm^{-2} · a^{-1}（Vestgarden and Kjonaas，2003；Venterea et al.，2004；Brenner et al.，2005；Corre et al.，2010），并且因树种、土壤C/N比、增氮持续时间等因素而异（Venterea et al.，2004；Brenner et al.，2005；Christenson et al.，2009）。本研究估算的响应阈值为60 ~ 120 kg · hm^{-2} · a^{-1}，落在以往研究的结果范围内。当尿素添加剂量达到120 kg · hm^{-2} · a^{-1}时，自养硝化速率增加88.1%，但对异养硝化速率无显著影响（表3.3）。由于NO_3^-固持速率很低，导致初级和净硝化速率对增氮的响应一致（表3.3，图3.1b），高氮添加导致初级和净硝化速率提高96%，低于全球平均水平（154%，Lu et al.，2011）。以上结果验证了假设①。氮添加通常促进硝化反应的进行（Venterea et al.，2004；Brenner et al.，2005；Cheng et al.，2011），但也有研究发现了抑制效应（Sun et al.，2016；Song et al.，2019）。在长白山阔叶红松林区，持续6 a的NH_4NO_3添加显著抑制了土壤硝化，归因于施氮降低了土壤的pH（Sun et al.，2016）。这些研究结果表明尿素和无机氮输入对森林土壤硝化反应的影响明显不同。虽然底物NH_4^+的有效性对自养硝化有重要影响，但本研究并未发现明显的NH_4^+累积以及NH_4^+含量与自养硝化速率的相关性。结合自养硝化与AOA基因丰度的相关性，发现尿素添加条件下土壤硝化增加主要归因于氨氧化古菌丰度的增加而非底物有效性的提高。

氮富集条件下硝化加速的直接后果就是土壤NO_3^--N累积。本研究发现多水平尿素添加使0 ~ 10 cm土层NO_3^--N含量提高了37.81% ~ 88.18%（表3.2）。对照处理土壤氮初级矿化速率与初级固持速率接近，说明土壤氮循环过程是密切耦合的，几乎没有发生氮损失。但是在高氮添加处理下，初级矿化速率保持不变而初级NH_4^+固持速率下降，硝化速率提高而NO_3^-固持速率不变，导致土壤N_2O排放速率显著增加，表明增氮处理使土壤氮循环更加开放，氮损失风险增加。在同一研究区，Xu等（2009）研究表明，无论是施加（NH_4）$_2SO_4$、NH_4Cl还是KNO_3，当剂量达到45 kg · hm^{-2} · a^{-1}时土壤NH_4^+-N、NO_3^--N以及DON淋失量均增加。本研究运用初级硝化速率与NH_4^+固持速率之比（N/IA）来评估氮富集条件下土壤NH_4^+-N被硝化或被固持的相对比例，以及表征土壤NO_3^-淋失的风险

（Cheng et al.，2020），发现氮添加导致N/IA提高了87.9%，证实温带针阔混交林土壤NO_3^-淋失风险增加。Corre等（2003）研究也表明，当外源氮输入剂量达到140 kg·hm^{-2}·a^{-1}时土壤氮循环将发生解耦。

3.3.3　土壤N_2O排放与土壤氮初级转化的关系

以往研究认为土壤N_2O主要来源于自养硝化和异养反硝化过程（Stevens et al.，1997），然而其他过程包括异养硝化（Eylar and Schmidt，1959）、古菌硝化（Santoro et al.，2011）以及真菌和放线菌参与的联合反硝化（Tanimoto et al.，1992；Laughlin and Stevens，2002；Spott and Stange，2011；Spott et al.，2011）等过程也会产生N_2O，这些过程由不同的微生物种群介导并受土壤和气候因素的调控（Booth et al.，2005；Gubry-Rangin et al.，2010；Qin et al.，2013；Xu et al.，2013；Levy-Booth et al.，2014）。本研究采用^{15}N示踪技术研究表明，增氮条件下土壤N_2O排放速率与初级矿化速率、自养硝化速率、异养硝化速率显著正相关（图3.3b，图3.6），说明自养硝化和异养硝化均是温带针阔混交林土壤N_2O的产生路径。一些案例研究表明，土壤N_2O排放速率与土壤NO_3^--N含量、自养硝化速率呈显著的正相关关系（Yang et al.，2021），与本研究的结果一致。除自养硝化以外，由异养硝化菌或真菌介导的异养硝化也是土壤N_2O的来源（Beleneva and Zhukova，2009；Chen et al.，2015），这一过程通常发生在不适宜硝化微生物生长的土壤环境中，例如酸性土壤AOB易受到抑制导致自养硝化过程受限，而以异养硝化为主（Huygens et al.，2008；Stange et al.，2013；Figueiredo et al.，2016）。真菌或异养硝化菌具有利用难分解土壤有机质作为底物和能量来源的能力（Pedersen et al.，1999；Islam et al.，2007），因而在土壤有机质含量高的森林土壤中居重要地位。本研究证实温带针阔混交林土壤在氮富集条件下由真菌介导的异养硝化过程是土壤N_2O的来源之一（图3.3b，图3.5c）。经过3 a连续氮添加，土壤NO_3^--N发生显著累积，而且土壤N_2O排放量与土壤NO_3^--N含量之间存在显著的正相关关系，因此我们推测硝化过程支配着土壤N_2O的产生与排放（Geng et al.，2017a），本研究通过测定硝化速率证实了上述假设（图3.3b，图3.6）。然而，也有不一致的研究结果。例如，Peng等（2021）在长白山阔叶红松林开展施氮试验研究发现，50 kg·hm^{-2}·a^{-1}氮添加处理显著

促进土壤 NO_3^--N显著累积和土壤 N_2O 排放，但是 NO_3^--N驱动的反硝化过程主导 N_2O 的产生。研究结果不一致的原因可能与观测时的水分条件不同有关，NO_3^--N不仅是硝化作用的产物，也是反硝化、DNRA、硝化协同反硝化的底物，上述过程均可产生 N_2O（Wrage et al.，2001；Levy-Booth et al.，2014）。因此，通过 NO_3^--N含量与 N_2O 排放量的相关性分析不能准确界定土壤 N_2O 的来源，需要结合各氮转化过程速率进行判断。本研究认为我国东北温带森林土壤好氧条件（平均土壤含水量41%）不适宜反硝化反应的进行，由于未直接测定反硝化速率，因此无法准确量化反硝化在 N_2O 产生中的贡献。然而，已有研究表明，好氧条件下反硝化也可能发生（Wolf and Brumme，2002；Xiong et al.，2009；Müller et al.，2014），并且由于 NO_3^- 带负电荷，比 NH_4^+ 移动性强，与微生物接触机会更多，可能会使好氧反硝化成为 N_2O 产生的主要来源（Parker and Schimel，2011；Zhang et al.，2011a；Peng et al.，2021）。因此，在未来的研究中应该考虑反硝化过程，准确量化反硝化过程对土壤 N_2O 产生的贡献。

3.4　本章小结

本章研究了0 kg·hm^{-2}·a^{-1}、20 kg·hm^{-2}·a^{-1}、60 kg·hm^{-2}·a^{-1}、120 kg·hm^{-2}·a^{-1} 4个尿素添加水平对我国东北温带针阔混交林土壤氮初级转化速率、N_2O 排放的影响及其微生物介导机制。研究结果表明，尿素添加未显著改变土壤惰性氮矿化，但显著增加了活性氮矿化；施氮促进了硝化尤其是自养硝化，但显著降低了氮初级固持速率。上述过程导致土壤 NO_3^--N显著累积，增加了土壤 N_2O 的排放，提高了土壤 NO_3^- 淋失和气态氮损失风险。氮素富集条件下温带针阔混交林土壤自养硝化过程主要受耐酸的AOA基因驱动，而异养硝化主要受降解复杂有机化合物能力强的真菌驱动。土壤氮转化过程对外源性有机氮输入的响应取决于施氮剂量，临界响应阈值为60～120 kg·hm^{-2}·a^{-1}。上述研究结果表明，高剂量有机氮输入可能会导致长白山温带针阔混交林土壤氮循环趋于开放和解耦，增加液态和气态氮损失风险（图3.7）。

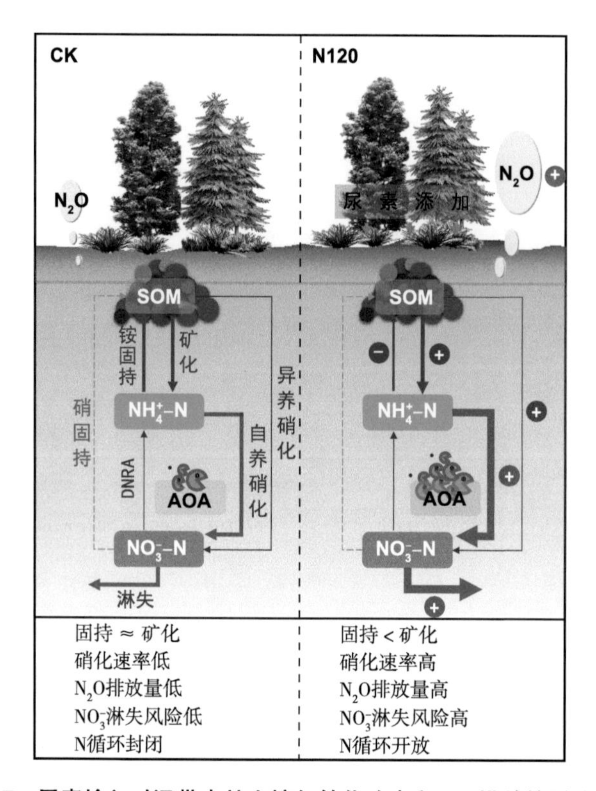

图3.7 尿素输入对温带森林土壤氮转化速率和N_2O排放的影响机制

第4章

土壤N_2O排放对增氮剂量和形态的响应及其机制

土壤是N_2O的主要来源，占大气N_2O来源的67%（Tian et al.，2019）。土壤N_2O排放量一般与土壤氮素有效性正相关，大气氮沉降和化肥施用增加土壤氮素有效性，进而促进自然和农田土壤N_2O的排放（Liu and Greaver，2009；Deng et al.，2020）。因此，施肥土壤或大气氮沉降高值区通常具有较高的土壤N_2O排放量（Barnard et al.，2005）。假设土壤N_2O排放量与氮素输入量之间呈线性正相关，单位氮输入量中以N_2O-N形式释放的比例（%），即排放系数（Emission factor，EF）可用来评估区域尺度土壤N_2O排放强度。早期研究广泛关注土壤N_2O排放与氮输入剂量之间的线性关系和EF的大小（如IPCC，1996；Dobbie et al.，1999）。总体而言，全球EF介于0.5%（Liu et al.，2012）和10.3%（Cardenas et al.，2010）之间。然而，越来越多的研究发现土壤N_2O排放量与氮输入剂量之间并非简单的线性关系，而可能是非线性关系，包括指数型（McSwiney and Robertson，2005；Grant et al.，2006；Cardenas et al.，2010；Hoben et al.，2011）、双曲线型（Breitenbeck and Bremner，1986；Lin et al.，2011）或“S”型（Snyder et al.，2009；Kim et al.，2013；Gu et al.，2019）等。基于非线性响应曲线，EF随氮输入剂量是变化的，而非定值（Kim et al.，2013；Gu et al.，2019）。根据线性假设计算的EF值很可能低估高剂量氮输入情景下土壤N_2O的排放量（Hoben et al.，2011）。

理论上，低剂量的氮输入有助于满足生物的氮需求，土壤N_2O排放对施氮剂量的响应呈线性（Kim et al.，2013）。当氮输入剂量超过生物的需求后，多余的氮素会以气体释放或随地表径流淋失，土壤N_2O排放会随施氮剂量的增加呈指数增长，此时的施氮剂量即“临界响应阈值”（McSwiney and Robertson，2005）。当氮输入的量远远超过生物的吸收同化能力，土壤N_2O排放速率会逐渐下降达到稳定、饱和的状态（Kim et al.，2013）。综合考虑上述3个响应阶段，土壤N_2O排放对氮添加剂量的响应符合双曲线或“S”型曲线（Kim et al.，2013）。尽管这一理论几年前已被提出，但是现有研究大多只涵盖2～3个氮梯度，难以区分土壤N_2O排放的响应是线性还是非线性的（Hoben et al.，2011；Kim et al.，2013），也没有准确界定其响应阈值和饱和剂量。

N_2O是土壤氮转化过程尤其是硝化（De Boer and Kowalchuk，2001）和反硝化（Knowles，1982）过程的中间产物。硝化过程中，N_2O产生于NH_3氧化为NO_2^-这一步骤，该过程由氨氧化古菌（AOA）和氨氧化细菌（AOB）所携带的*amoA*基因介导。反硝化过程中，当*nirK*或*nirS*基因还原NO_3^-时会产生N_2O，随即*nosZ*可将N_2O继续还原为N_2，反硝化过程所释放的N_2O是其产生和消耗过程平衡的结果（Huang et al.，2014）。外源性NO_3^--N、NH_4^+-N以及有机氮输入直接为不同的氮转化过程提供底物，也可通过改变土壤功能微生物群落间接影响土壤N_2O通量（Dong et al.，2019）。氮形态可以合理解释不同生态系统土壤N_2O排放的差异。整合分析表明，NH_4NO_3、NH_4^+-N、NO_3^--N和尿素等氮形态中，NO_3^--N输入对土壤N_2O排放的促进作用最强（Liu and Greaver，2009），但也有研究指出NH_4^+-N富集促进作用高于NO_3^--N（Deng et al.，2020）。截然相反的研究结果可能归因于研究区域的环境差异，如土壤类型或气候条件不同等。有机氮输入土壤后先被转化为NH_4^+-N，进而经过硝化作用转化为NO_3^--N，上述过程中土壤pH、矿质氮含量以及微生物群落均会发生改变（Chen et al.，2021）。因此，与无机氮（NH_4^+、NO_3^-）输入相比，有机氮输入对土壤N_2O排放的影响机制更为复杂。有机氮输入对土壤N_2O排放的促进作用较弱，可能原因在于：氨化过程中NH_3挥发损失会减少土壤硝化/反硝化过程的底物含量（Chen et al.，2021）。

硝化功能微生物中AOA通常更能适应酸性土壤和低NH_3的环境（Levy-Booth et al.，2014），因此通常比AOB的丰度更高（Bru et al.，2011；Lu and Jia，2013）。铵态氮输入能提高AOA和AOB的丰度，但硝态氮输入对二者均表现为抑制（Li and Gu，2013）。然而，AOB对铵态氮输入的响应更敏感，并且主导着氨氧化和N_2O的产生（Tian et al.，2014；Carey et al.，2016；Ouyang et al.，

2016；Yang et al.，2018b）。与硝化微生物相比，反硝化微生物对氮输入的响应不明确。反硝化功能基因丰度会受到一系列因素的影响，如土壤水分和温度（Szukics et al.，2010；Rasche et al.，2011）、土壤氧化还原条件（Wakelin et al.，2013）、矿质氮含量（Morales et al.，2010）、有机碳（SOC）含量（Petersen et al.，2012）以及土壤pH（Bárta et al.，2010）等，使得反硝化菌对氮输入的响应十分复杂多变。有机氮和无机氮添加均能提高深层土壤厌氧环境中*nosZ*和*narG*丰度（Wang et al.，2020）；水分含量和有机碳含量较高的土壤中，*nirK*丰度对NH_4^+-N和NO_3^--N输入的响应更强（Szukics et al.，2009）；80 kg · hm^{-2} · a^{-1}的（NH_4）$_2SO_4$添加即可显著降低土壤pH，降低*narG*、*nirK*、*nirS*和*nosZ*的丰度（Hallin et al.，2009）。上述大部分功能微生物属于细菌。例如，亚硝化螺菌属*Nitrosospira*是AOB的主要类群，反硝化细菌的组成也十分广泛（Levy-Booth et al.，2014）。除细菌外，一些真菌也携带*nar*和*nir*基因，对土壤N_2O的产生有重要的贡献（Wei et al.，2015）。一些研究表明，施氮会降低土壤细菌群落的多样性（Liu et al.，2020），细菌对氮输入的响应更为敏感，而真菌更为保守（Mueller et al.，2015；Ai et al.，2018）。但是，施氮影响下土壤细菌和真菌群落的变化是否反馈于土壤过程和功能仍然不清楚，阻碍了我们对氮输入条件下土壤N_2O产生机制的理解。

虽然已知土壤N_2O排放会因氮输入形态而异，但很少有研究同时考虑多形态、多水平的氮输入对土壤N_2O排放的影响，导致估算和模拟土壤N_2O排放存在很大的不确定性。本章我们开展了3种氮形态（NH_4^+-N、NO_3^--N和urea）、10个氮水平（10 kg · hm^{-2} · a^{-1}、20 kg · hm^{-2} · a^{-1}、40 kg · hm^{-2} · a^{-1}、60 kg · hm^{-2} · a^{-1}、80 kg · hm^{-2} · a^{-1}、100 kg · hm^{-2} · a^{-1}、120 kg · hm^{-2} · a^{-1}、140 kg · hm^{-2} · a^{-1}、280 kg · hm^{-2} · a^{-1}和560 kg · hm^{-2} · a^{-1}）的氮添加室内培养试验，阐明土壤N_2O排放对不同形态氮素输入的响应曲线，界定土壤N_2O排放响应的临界阈值和/或饱和剂量，揭示土壤N_2O排放的微生物学机制。我们假设：①土壤N_2O排放对氮输入剂量的响应是非线性的，但对不同形态的氮素输入响应曲线各异；②氮输入会显著提高土壤氮有效性，进而促进土壤N_2O排放；③铵态氮和尿素添加下AOB主导土壤N_2O产生，相反氮添加诱导土壤细菌和真菌群落的变化也可能影响土壤N_2O排放。

4.1 材料与方法

4.1.1 土壤样品采集与试验设计

供试土壤样品采自长白山森林生态系统研究站阔叶红松林样地（吉林，127°38′E，41°42′N，海拔740 m），优势树种有红松（*Pinus koraiensis* Siebold & Zucc.）、水曲柳（*Fraxinus mandshurica* Rupr.）、蒙古栎（*Quercus mongolica* Fisch. ex Ledeb.）、紫椴（*Tilia amurensis* Rupr.）等。研究区年均降水量745 mm，主要集中在5—9月，年均温3.6℃（Cheng et al.，2010）。土壤类型为棕壤，总碳含量156.6 $g \cdot kg^{-1}$，总氮含量7.17 $g \cdot kg^{-1}$，C/N比21.84，总磷含量0.97 $g \cdot kg^{-1}$，土壤pH值4.66，平均含水量23.99%。土壤样品采集于2019年7月，选择地形平坦、人为干扰少的典型阔叶红松林样地，先去除地表凋落物，采集0 ~ 20 cm深度土壤样品约20 kg，装入干净自封袋带回实验室。手工拣出土壤中的植物叶片、根系、树枝和石块等杂物，过2 mm筛并充分混匀，尽可能降低试验处理前土壤本底的异质性。将混匀的土壤置于室内阴凉通风处，于室温下风干15 d，风干土含水量最终稳定在21.85%左右，NH_4^+-N含量159.67 $mg \cdot kg^{-1}$，NO_3^--N含量113.94 $mg \cdot kg^{-1}$，土壤pH4.94。

本试验包括3种氮形态［铵态氮NH_4Cl、硝态氮$NaNO_3$和尿素$CO(NH_2)_2$］、10个氮水平（10 $kg \cdot hm^{-2} \cdot a^{-1}$、20 $kg \cdot hm^{-2} \cdot a^{-1}$、40 $kg \cdot hm^{-2} \cdot a^{-1}$、60 $kg \cdot hm^{-2} \cdot a^{-1}$、80 $kg \cdot hm^{-2} \cdot a^{-1}$、100 $kg \cdot hm^{-2} \cdot a^{-1}$、120 $kg \cdot hm^{-2} \cdot a^{-1}$、140 $kg \cdot hm^{-2} \cdot a^{-1}$、280 $kg \cdot hm^{-2} \cdot a^{-1}$和560 $kg \cdot hm^{-2} \cdot a^{-1}$，以下分别简称N10、N20、N40、N60、N80、N100、N120、N140、N280和N560），采用全因子设计，另设一个不添加氮肥的对照（N0）。每个处理4个重复，共有培养装置（3 × 10 + 1）× 4 = 124个。称取115 g均匀混合的风干土（相当于90 g干土），装入250 mL的玻璃培养瓶中，培养瓶顶部空间约为100 cm^3用以采集气体。根据长白山阔叶红松林样地的土壤容重（0.9 $g \cdot cm^{-3}$）和土壤深度（20 cm）换算，对应每个氮添加水平培养瓶需要添加的氮量分别为0.006 $g \cdot kg^{-1}$、0.011 $g \cdot kg^{-1}$、0.022 $g \cdot kg^{-1}$、0.033 $g \cdot kg^{-1}$、0.044 $g \cdot kg^{-1}$、0.056 $g \cdot kg^{-1}$、0.067 $g \cdot kg^{-1}$、0.078 $g \cdot kg^{-1}$、0.150 $g \cdot kg^{-1}$和0.310 $g \cdot kg^{-1}$（干基）。称取相应重量的$NaNO_3$、NH_4Cl和尿素溶于超纯水中，用注射器小心均匀喷洒于培养瓶中土壤表面，随后用称重法将土壤含水量补充到60%WFPS。对照处理喷洒等量的超纯水。将所有

培养瓶置于20℃培养箱中恒温连续培养91 d，每两天用称重法补充超纯水，使土壤含水量保持恒定。培养试验结束后，将所有土壤样品取出进行指标测定。

4.1.2 土壤N_2O释放速率和土壤理化属性的测定

培养第0 d、1 d、2 d、4 d、6 d、8 d、11 d、14 d、17 d、21 d、25 d、29 d、34d、39 d、44 d、50 d、56 d、62 d、69 d、76 d、83 d和91 d进行N_2O气体采集和浓度测定。气体采集方法在Wu等（2015）的基础上进行了改进，简要描述如下：用连接有钢针和三通阀的橡胶塞塞住瓶口，关闭三通阀，在密封第0 min、15 min、30 min和45 min时用注射器采集培养瓶顶部气体各10 mL，注入真空瓶，随后用配备自动进样系统的气相色谱仪（Agilent 7890A，USA）测定气体样品中的N_2O浓度。土壤N_2O排放速率（$\mu g \cdot kg^{-1} \cdot h^{-1}$）为$N_2O$浓度与对应的密封时间之间的线性拟合斜率，$N_2O$累积排放量为排放速率与培养时间之间的乘积。

培养结束后采集土壤样品，土样分成3份，分别用来测定土壤理化属性、土壤酶活性、土壤功能基因丰度和微生物群落结构。称取10 g风干土，加入25 mL纯水充分搅拌制作土水比为1：2.5的土悬液，静置30 min使悬液上清，用pH计（FE20，Mettler Toledo，Switzerland）测定上清液pH。称取15 g鲜土，加入100 mL 2 $mol \cdot L^{-1}$ KCl振荡1 h后浸提测定土壤矿质态氮含量。称取15 g鲜土，加入100 mL纯水振荡1 h后浸提测定土壤DOC含量，分别用连续流动分析仪（AA3，SEAL，Germany）氮模块和有机碳模块测定。

4.1.3 土壤酶活性的测定

土壤水解酶活性分别采用微孔板荧光法和吸收光法，利用多功能酶标仪（SynergyH4，BioTek）测定（Saiya-Cork et al.，2002；German et al.，2011）。测定的水解酶种类包括降解淀粉的α-1, 4-葡萄糖苷酶（α-1, 4-glucosidase，AG）、降解纤维素的β-1, 4-葡萄糖苷酶（β-1, 4-glucosidase，BG）、降解木聚糖类半纤维素的β-1, 4-木糖苷酶（β-1, 4-xylosidase，BX）和纤维二糖水解酶（Cellobiohydrolase，CB）、降解几丁质和肽聚糖的β-1, 4-N-乙酰葡糖氨糖苷酶（β-1, 4-N-acetylglucosaminidase，NAG）、水解蛋白质和多肽的亮氨酸氨基肽酶（Leucine amino peptidase，LAP），以及分解有机磷的酸性磷酸酶

（Acid or alkaline phosphatase，AP），对应的底物分别为：4-Methylumbelliferyl alpha-D-glucopyranoside alpha-glucosidase substrate、4-Methylumbelliferyl beta-D-glucopyranoside beta-glucosidase substrate、4-Methylumbelliferyl-beta-D-xylopyranoside beta-xylosidase substrate、4-Methylumbelliferyl beta-D-cellobioside glucanase substrate、4-Methylumbelliferyl N-acetyl-beta-D-glucosaminide beta-N-acetylhexosaminidase substrate、L-Leucine-7-amido-4-methylcoumarin hydrochloride，以及4-Methylumbelliferyl phosphate phosphatase substrate。LAP对应的标准品为7-amino-4-methylcoumari（AMC），其余水解酶对应的标准品为4-Methylumbelliferyl（7-Hydroxy-4-methylcoumarin，MUB）。以上试剂均购于Sigma生物公司。具体操作步骤如下：称取1 g鲜土于烧杯中，加入125 mL pH为5.5的醋酸钠缓冲液（50 mmol · L^{-1}），用涡旋仪和磁力搅拌机混匀，制成土悬液；吸取200 μL土悬液加入96孔微孔板中，并加入50 μL 200 μmol · L^{-1}水解酶底物，所有微孔板在20℃的黑暗条件下培养4 h；培养结束后，加入10 μL 1 mol · L^{-1} NaOH溶液，过1分钟后，360 nm激发，460 nm下测定荧光值，用以计算水解酶活性。吸取600 μL土悬液加入96孔深孔板，加入150 μL 200 μmol · L^{-1}氧化酶底物（DOPA，测定过氧化物酶的深孔板中再加入30 μL 10% H_2O_2），所有深孔板在20℃的黑暗条件下培养18 h，培养结束后3000 r · min^{-1}离心3 min，吸取上清液250 μL转移至透明微孔板中，测定450 nm处的吸光度。每个样品分别设置8个重复，同时设置空白、土壤本底、底物控制及标准曲线。最后，土壤酶活性用以下公式进行计算

$$\text{水解酶活性}(\text{nmol}\cdot\text{g}^{-1}\cdot\text{h}^{-1}) = \frac{\text{净荧光值}(\text{A.U.})\times\text{土悬液总体积}(\text{mL})}{\text{消光系数}(\text{A.U.}\cdot\text{nmol}^{-1})\times\text{土悬液体积}(\text{mL})\times\text{培养时间}(\text{h})\times\text{土壤干重}(\text{g})} \quad (4.1)$$

式中，消光系数=标曲斜率/标液体积。

4.1.4 土壤微生物功能基因丰度和群落组成的测定

利用实时荧光定量PCR技术测定介导土壤氮循环关键功能基因（AOA *amoA*、AOB *amoA*、*narG*、*nirK*、*nirS*和*nosZ*）的丰度。称取0.5 g鲜土，选用FAST DNA spin kit for soil（MP Biomedicals，OH，USA）试剂盒提取土壤样品

的DNA，具体操作步骤按试剂盒说明书进行。采用琼脂糖凝胶电泳（1% w/v in TAE）检测所提取DNA的质量，采用NanoDrop分光光度计（NanoDrop Technologies，USA）测定DNA的浓度。通过质检的DNA样品置于-20℃冰箱冷冻保存。实时荧光定量PCR反应采用SYBR green kits试剂盒在LightCycler® Real-Time PCR system仪器上进行，具体的PCR扩增条件及引物序列见表4.1。

采用高通量测序技术测定土壤细菌和真菌群落组成。对已提取并检测合格的DNA样品分别基于细菌16S rDNA和真菌ITS目的区域进行高保真PCR扩增，选取引物对ITS1F/ITS2（5′-CTTGGTCATTTAGAGGAAGTAA-3′、5′-GCTGCGTTCTTCATCGATGC-3′）和515F/907R（5′-GTGCCAGCMGCCGCGG-3′、5′-CCGTCAATTCMTTTRAGTTT-3′）分别对真菌ITS2区和细菌16S rDNA基因V4 ~ V5区进行扩增（Angenent et al.，2005），PCR扩增方法参照Leff等（2015）进行。在上海美吉生物医药科技有限公司Illumina MiSeq平台上进行测序，运用QIIME（version 1.9.1）软件对序列进行后续分析，随后按97%相似度对序列进行聚类，去除嵌合体和非生物序列，留下优质序列作为参比序列，生成OTU（Operational taxonomic units）表，最后采用BLAST分析方法与NCBI数据库进行比对，得到带有物种分类和组成信息的OTU表。对OTU表进行过滤和抽平，用以下游的多样性计算和群落组成分析。

实验所获得的测序数据均上传至NCBI Sequence Read Archive（SRA）数据平台，生物项目序列号为PRJNA717929。

表4.1 土壤硝化、反硝化功能基因的qPCR扩增引物对和反应条件

功能基因	引物名称	序列（5′-3′）	扩增长度	温度条件
AOA *amo*A	CHEND-arch-amoA-23F	ATGGTCTGGCTWAGACG	629	95℃条件下3 min，1个循环；95℃条件下30 s、56℃条件下30 s、72℃条件下40 s，35个循环
	CHEND-arch-amoA-616R	GCCATCCATCTGTATGTCCA		
AOB *amoA*	AmoA-1F	GGGGTTTCTACTGGTGGT	491	95℃条件下3 min，1个循环；95℃条件下30 s、60℃条件下30 s、72℃条件下40 s，35个循环
	AmoA-2R	CCCCTCKGSAAAGCCTTCTTC		

（续表）

功能基因	引物名称	序列（5′-3′）	扩增长度	温度条件
narG	narG-f	TCGCCSATYCCGGCSATGTC	173	95℃条件下3 min，1个循环；95℃条件下30 s、52℃条件下30 s、72℃条件下40 s，35个循环；
	narG-r	GAGTTGTACCAGT CRGCSGAYTCSG		
nirK	FlaCu	ATCATGGTSCTGCCGCG	473	95℃条件下3 min，1个循环；95℃条件下30 s、60℃条件下30 s、72℃条件下40 s，35个循环
	R3Cu	GCCTCGATCAGRTTRTGGTT		
nirS	cd3AF	GTSAACGTSAAGGARACSGG	410	95℃条件下3 min，1个循环；95℃条件下30 s、56℃条件下30 s、72℃条件下40 s，35个循环
	R3cd	GASTTCGGRTGSGTCTTGA		
nosZ	nosZ-F	CGCTGTTCITCGACAGYCAG	700	95℃条件下3 min，1个循环；95℃条件下30 s、60℃条件下30 s、72℃条件下40 s，35个循环
	nosZ-R	ATGTGCAKIGCRTGGCAGAA		

4.1.5 数据统计分析

所有数据均先进行Shapiro-Wilk正态性检验，对不符合正态分布的数据进行对数转换。运用单因素方差分析来判断氮形态和氮剂量对土壤N_2O排放量、土壤理化属性、功能基因丰度、细菌及真菌多样性的影响，运用LSD多重比较方法检验各试验处理与对照之间差异是否显著。采用非线性回归探索不同形态氮添加下土壤N_2O排放量对氮添加剂量的响应曲线。不同处理间土壤细菌和真菌群落结构之间的差异运用基于Bray-Curtis相异矩阵的主坐标分析（Principal coordinates analysis，PCoA）方法进行检验，PCoA分析运用R语言（R Core Team，2020）中vegan、ggplot2和plyr程序包进行分析和绘图。为了更清晰地展示和区分氮剂量之间的微生物群落组成的差异，我们将氮剂量分为4组：对照CK（N0）、低氮（N10、N20和N40）、中氮（N60、N80和N100）以及高氮（N120、N140、N280和N560）。运用R语言corrplot程序包中的Pearson相关性检验评价土壤N_2O

排放量与土壤生物与非生物指标之间的关系。

通过构建结构方程模型（Structural equation modeling，SEM）来探索3种不同形态氮添加下氮剂量影响土壤N_2O排放的机制和途径。基于已有的背景知识，我们先构建了一个初始的模型，即氮添加剂量通过影响土壤矿质氮（NH_4^+-N和NO_3^--N）含量和土壤pH，进而影响功能基因丰度（AOA *amoA*、AOB *amoA*、*narG*、*nirK*、*nirS*和*nosZ*）、细菌和真菌群落结构（Shannon指数和PCoA1）（图4.1）。所有二级指标之间若存在共线性，则先用主成分分析法（Principal component analysis，PCA）对二级指标进行降维再参与SEM的构建，若不存在共线性，则将其均作为观测变量参与SEM的构建。对所有数据先进行Z-score标准化处理后再输入SEM，SEM的构建在AMOS软件（IBM SPSS AMOS 21.0.0）中进行，用卡方（χ^2，$P>0.05$）、近似均方根误差（$RMSEA<0.05$）以及比较拟合指数（CFI>0.9）检验模型的适配度。

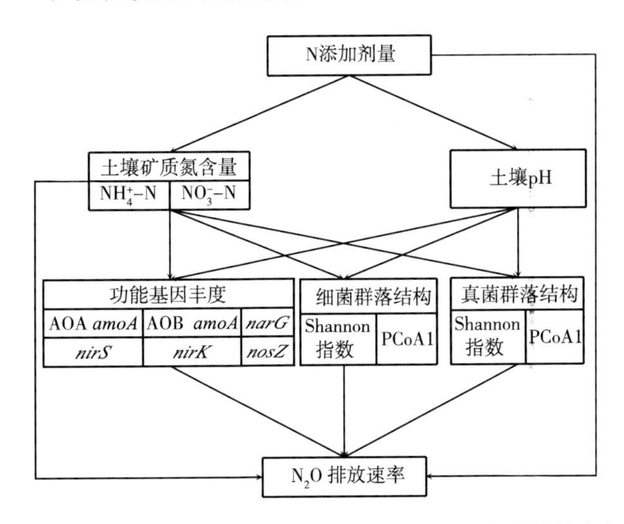

图4.1　施氮形态和剂量影响土壤N_2O排放的机制和途径（结构方程模型）

4.2　结果与分析

4.2.1　土壤N_2O排放对增氮剂量的响应特征

随着培养时间的延长，添加不同剂量氮素的土壤N_2O排放速率均呈现出前期不变后期增加的趋势，尤其是N120、N140、N280、N560处理，培养30 d后N_2O排放速率明显增加（图4.2）。氮添加剂量对土壤N_2O排放速率和累积排放量影响显著，尤其在培养后期差异更大（图4.2）。总体上，土壤N_2O排放量随着氮添加剂量的增加而增加，N560处理下土壤N_2O排放量增加最显著；培养结束时，N560处理下N_2O排放速率和累积排放量分别较对照处理增加了3.83倍和1.50倍（图4.3），整个培养期土壤N_2O平均排放速率比对照高81.1%（图4.3）。

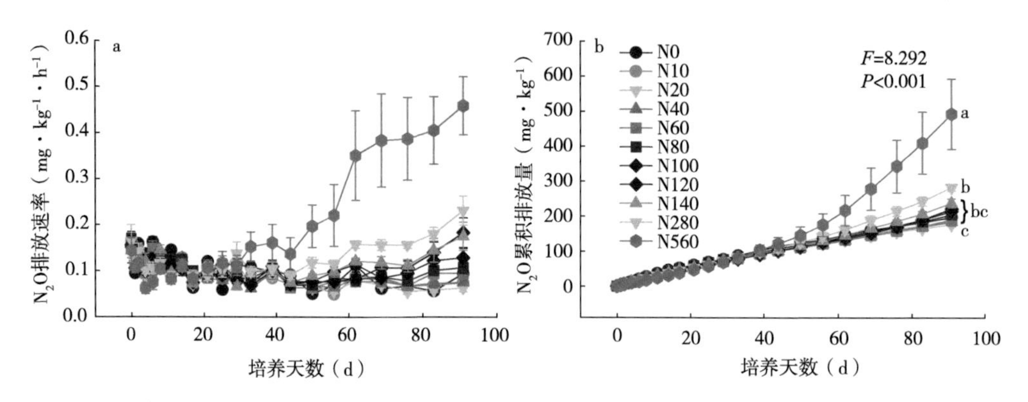

图4.2　不同氮添加剂量下土壤N_2O排放速率与累积排放量

注：图b中不同小写字母表示培养结束时（第91 d）土壤N_2O累积排放量处理间差异显著（$P<0.05$）。

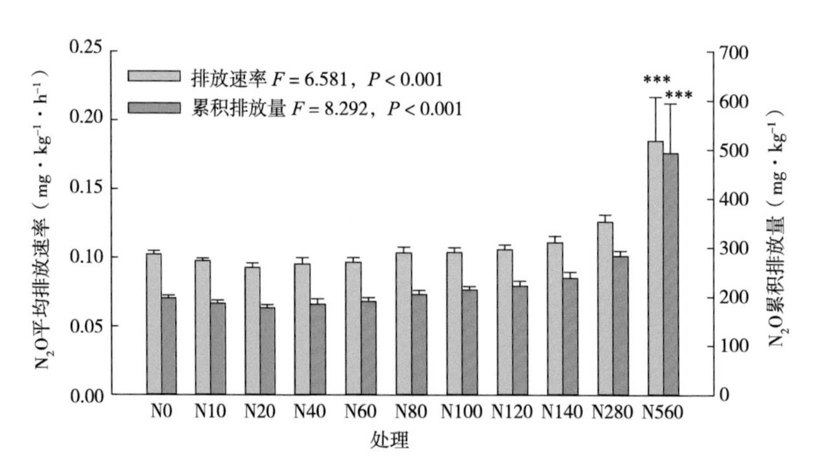

图4.3　不同氮添加剂量下平均N_2O排放速率与培养结束时的累积排放量

注：图中星号（*）表示氮添加处理与对照间差异显著（$P<0.05$*，$P<0.01$**，$P<0.001$***）。

土壤N_2O排放速率与累积排放量对氮添加剂量均呈指数增加（图4.4）。根据非线性回归分析结果，N_2O排放速率随氮添加剂量的变化曲线最优拟合方程为y=0.09e$^{0.001x}$，N_2O累积排放量随氮添加剂量的变化曲线最优拟合方程为y=178.42e$^{0.002x}$。据此，我们构建土壤N_2O排放速率和累积排放量对氮添加剂量的敏感性指数N_r和N_c（‰），分别表示氮添加剂量每增加1 kg · hm^{-2} · a^{-1}，土壤N_2O排放速率和累积排放量的增量：

$$N_r = \frac{0.09e^{0.001(x+1)} - 0.09e^{0.001x}}{0.09e^{0.001x}} = (e^{0.001} - 1) = 1‰ \quad (4.2)$$

$$N_c = \frac{178.42e^{0.002(x+1)} - 178.42e^{0.002x}}{178.42e^{0.002x}} = (e^{0.002} - 1) = 2‰ \quad (4.3)$$

式中，x为氮添加剂量（kg · hm^{-2} · a^{-1}）。

这意味着，氮添加剂量每增加1 kg · hm^{-2} · a^{-1}，土壤N_2O排放速率增加1‰，N_2O累积排放量增加2‰。

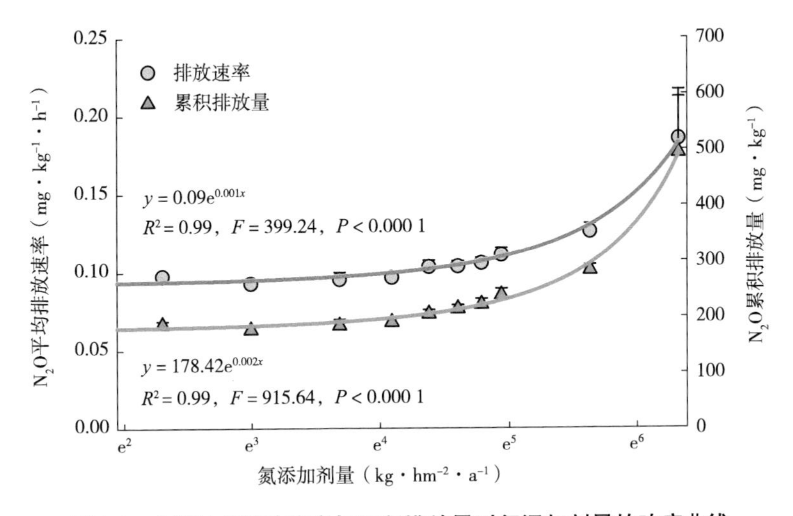

图4.4　土壤N_2O排放速率与累积排放量对氮添加剂量的响应曲线

4.2.2　土壤N_2O排放对增氮形态的响应特征

不同形态氮添加下，土壤N_2O排放量对氮增加剂量的响应曲线不同（图4.5）。铵态氮添加处理下，土壤N_2O排放量的响应存在明显的临界响应阈值和饱和剂量。当氮添加剂量低于60 kg · hm^{-2} · a^{-1}时，土壤N_2O排放量增加不显著甚至呈现下降的趋势；超过此剂量，土壤N_2O排放量以二次曲线的形式急剧增加；在氮添加剂量为140 kg · hm^{-2} · a^{-1}时达到最大值（280.00 μg · kg^{-1}），然后趋于饱和并略有下降，至N560时降低到241.84 μg · kg^{-1}。因此，可以界定铵态氮添加下土壤N_2O排放的临界响应阈值和饱和剂量分别为60 kg · hm^{-2} · a^{-1}和140 kg · hm^{-2} · a^{-1}。在硝态氮和尿素添加下，土壤N_2O排放量的响应曲线分别符合"S"型和指数型。硝态氮添加的临界响应阈值为80 kg · hm^{-2} · a^{-1}，超过此剂量时土壤N_2O排放量较对照增加显著（LSD test，$P=0.02$）；土壤N_2O排放量最大值274.94 μg · kg^{-1}出现在N560剂量，但N280 ~ N560土壤N_2O的增速明显低于N10 ~ N280，暗示当硝态氮添加剂量超过560 kg · hm^{-2} · a^{-1}土壤N_2O排放量可能会趋于饱和。尿素添加的临界响应阈值为280 kg · hm^{-2} · a^{-1}，在N10 ~ N280剂量下N_2O增加不显著，但在N280和N560剂量下N_2O排放量分别比对照增加了65.08%和388.41%（LSD test，$P<0.001$）。尿素添加剂量在N10 ~ N560范围内土壤N_2O排放量持续增加，未出现饱和趋势。

4.2.3 土壤pH和矿质氮含量的变化

经过91 d恒温恒湿培养，氮添加处理土壤pH显著低于对照（图4.6A）。与对照相比，添加铵态氮和尿素导致土壤pH下降约0.2个单位；而添加硝态氮处理，只有当氮添加剂量>100 kg · hm^{-2} · a^{-1}时土壤pH显著降低（约为0.14个单位），氮添加剂量低于100 kg · hm^{-2} · a^{-1}土壤pH变化不显著。无论添加何种形态的氮素，随着氮剂量的增加，土壤NH_4^+-N含量均呈增加的趋势（图4.6B）。在铵态氮、硝态氮和尿素添加下，土壤NH_4^+-N含量分别在N60 ~ N560、N40 ~ N560和N280 ~ N560剂量增加显著，均在N560剂量下分别达到最大值511.10 mg · kg^{-1}、151.30 mg · kg^{-1}和62.52 mg · kg^{-1}。然而，在添加硝态氮和尿素时土壤NO_3^--N含量随氮添加剂量逐渐积累，分别在N100 ~ N560和N280 ~ N560剂量水平下累积显著，并且在N560剂量下分别达到最大值535.42 mg · kg^{-1}和508.92 mg · kg^{-1}。不同的是，在铵态氮添加处理下土壤NO_3^--N含量随氮剂量呈现先略有增加后显著降低趋势，在N120达到最大值（343.87 mg · kg^{-1}）（图4.6C）。

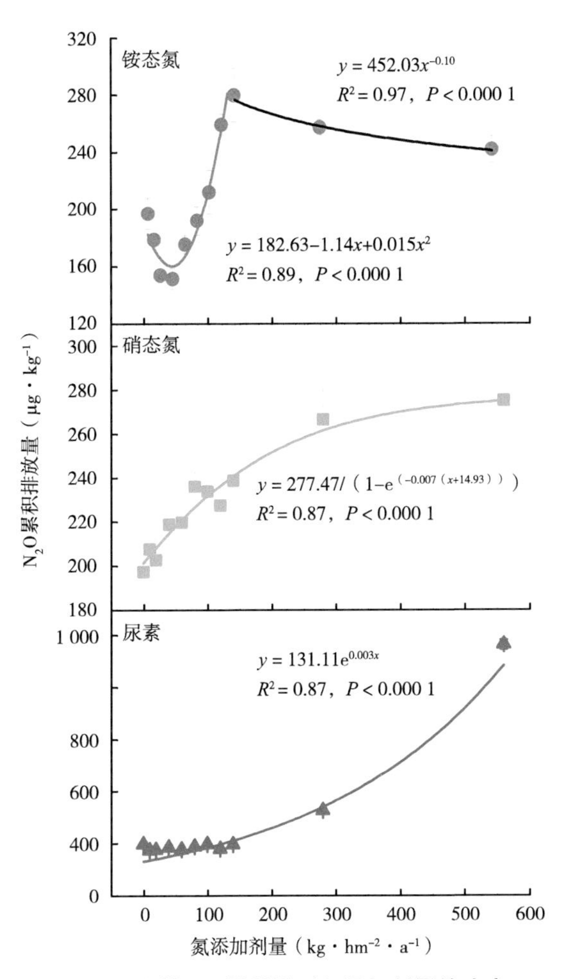

图4.5 土壤N_2O排放量对氮添加剂量的响应

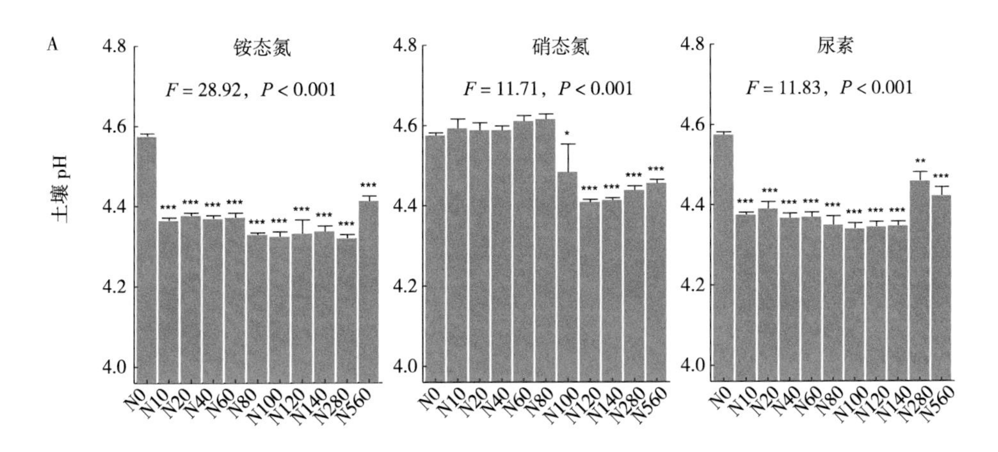

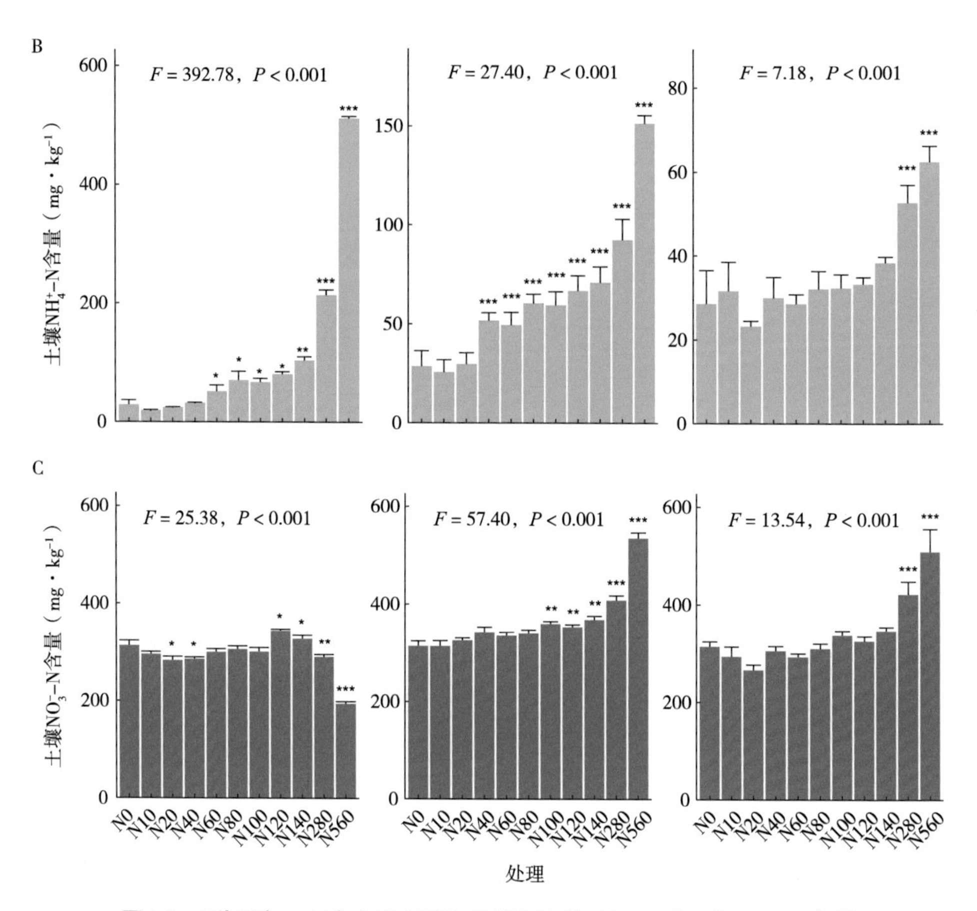

图4.6　3种形态、10个水平氮添加处理下土壤pH、NH_4^+-N和NO_3^--N含量

注：柱状上方的星号（*）表示该剂量氮添加下土壤pH、NH_4^+-N含量或NO_3^--N含量与对照相比差异显著（P<0.05*，P<0.01**，P<0.001***）。

4.2.4　功能基因丰度和土壤酶活性的变化

土壤硝化反硝化功能基因丰度对铵态氮和尿素添加剂量的响应较为敏感，而对硝态氮添加剂量无明显响应（图4.7）。AOA、AOB基因拷贝数对铵态氮和尿素添加剂量的响应方向相反：铵态氮和尿素添加下，AOA基因丰度随氮剂量增加呈降低趋势，而AOB基因丰度呈增加趋势。铵态氮和尿素添加处理，N560剂量导致AOA的基因拷贝数分别比对照降低了15.74倍和1.74倍。铵态氮处理下，AOB基因拷贝数在N10～N40剂量略有降低，随后急剧增加，N280剂量时为对照处理的

3.01倍，而后N280～N560处理再次下降。尿素添加显著提高了AOB基因丰度，且随氮添加剂量的增加一致增加，N560剂量下AOB基因丰度为对照处理的2.82倍。除部分铵态氮添加处理（N80～N280）对*narG*丰度有一定提升作用外，铵态氮和尿素添加对反硝化功能基因（*narG*、*nirK*、*nirS*和*nosZ*）丰度的影响以抑制为主。

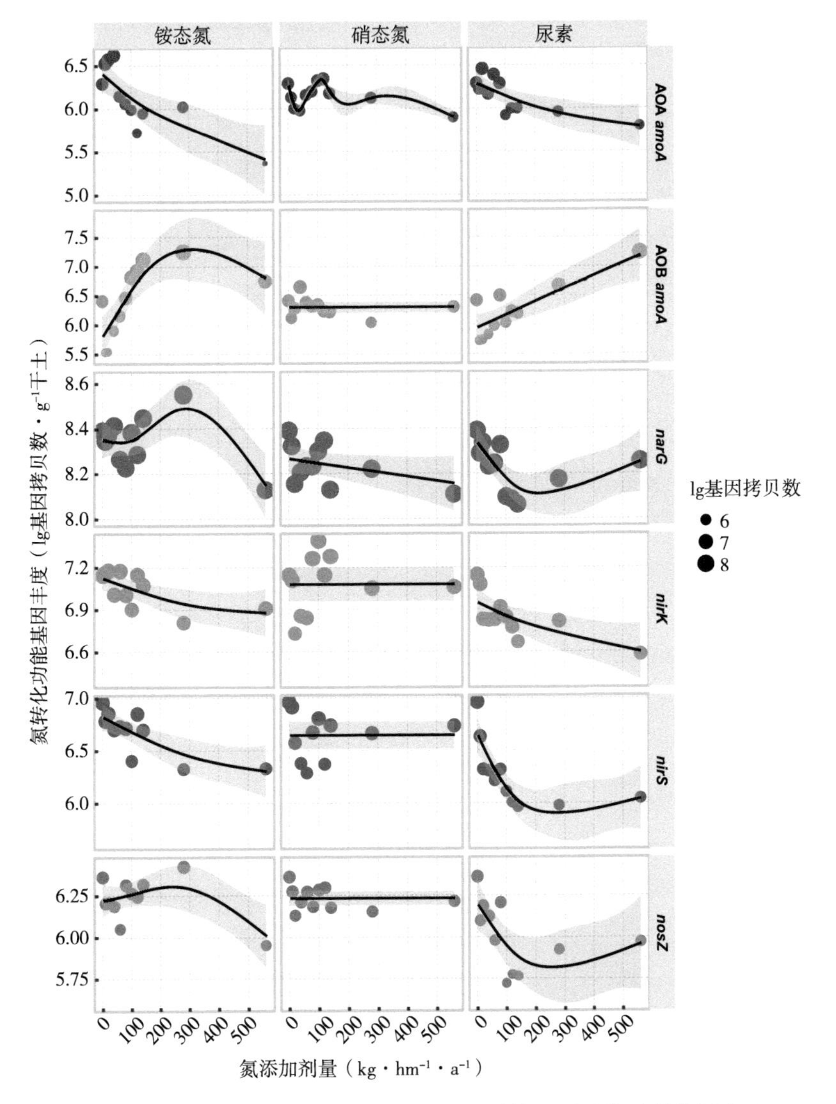

图4.7　3种形态、10个水平氮添加处理下硝化和反硝化功能基因丰度

硝态氮添加处理土壤水解酶活性均随氮添加剂量增加呈上升趋势（图4.8）。然而，NAG活性随铵态氮添加剂量增加，AG活性随尿素添加剂量降低，除此之外，铵态氮和尿素添加处理对其他酶活性无显著影响（图4.8）。

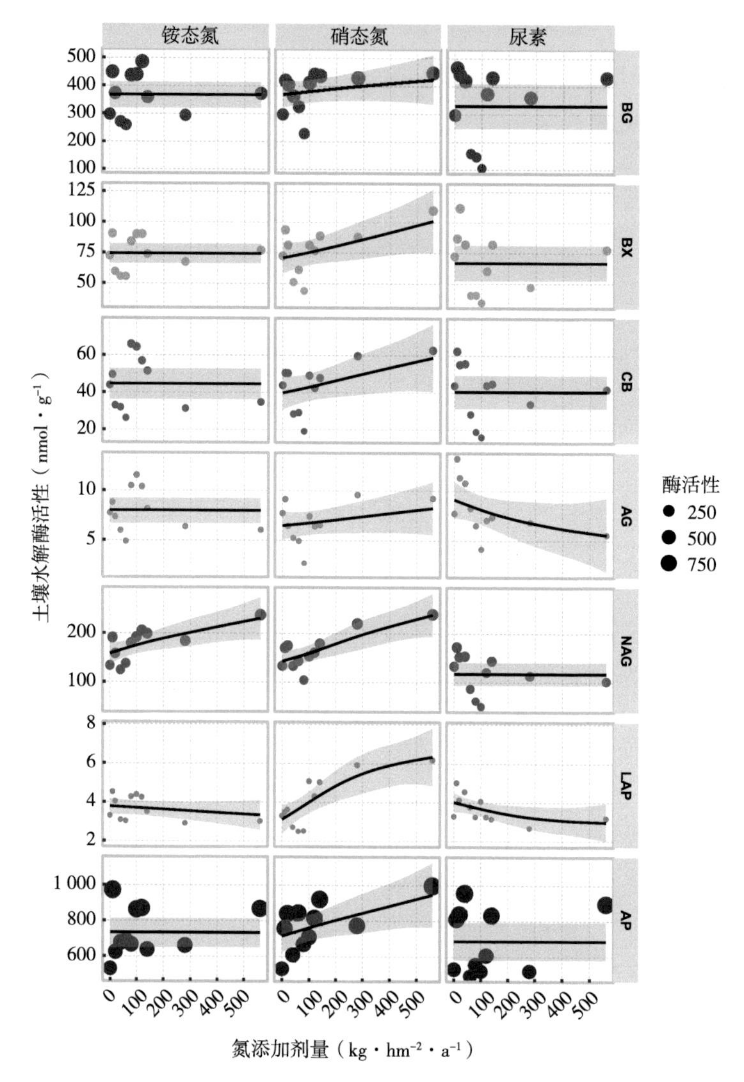

图4.8　3种形态、10个水平氮添加处理下土壤的水解酶活性

4.2.5　土壤微生物群落结构的变化

与真菌相比，细菌群落的Shannon指数和测序深度指数Sobs（Sum of observed OTUs）更高，但真菌群落多样性对氮添加的响应比细菌更加敏感。另外，细菌和真菌群落多样性对氮添加剂量的响应方向相反（图4.9）。随着氮剂量的增加，细菌群落多样性逐渐降低，尤其在高剂量（N560）硝态氮和尿素添加下，细菌Shannon指数分别降低了8%和3.2%（图4.9A）。相反，无论施氮形态和氮添加剂量如何，氮添加倾向于提高真菌群落多样性（图4.9B）。Sobs指数反映了微生物群落的总体丰度状况，低剂量的铵态氮和尿素添加提高了细菌Sobs指数，而随着硝态氮添加剂量的增加，细菌群落Sobs指数逐步降低（图4.9C）；氮添加尤其是中等剂量的硝态氮和尿素添加显著提高了真菌Sobs指数（图4.9D）。

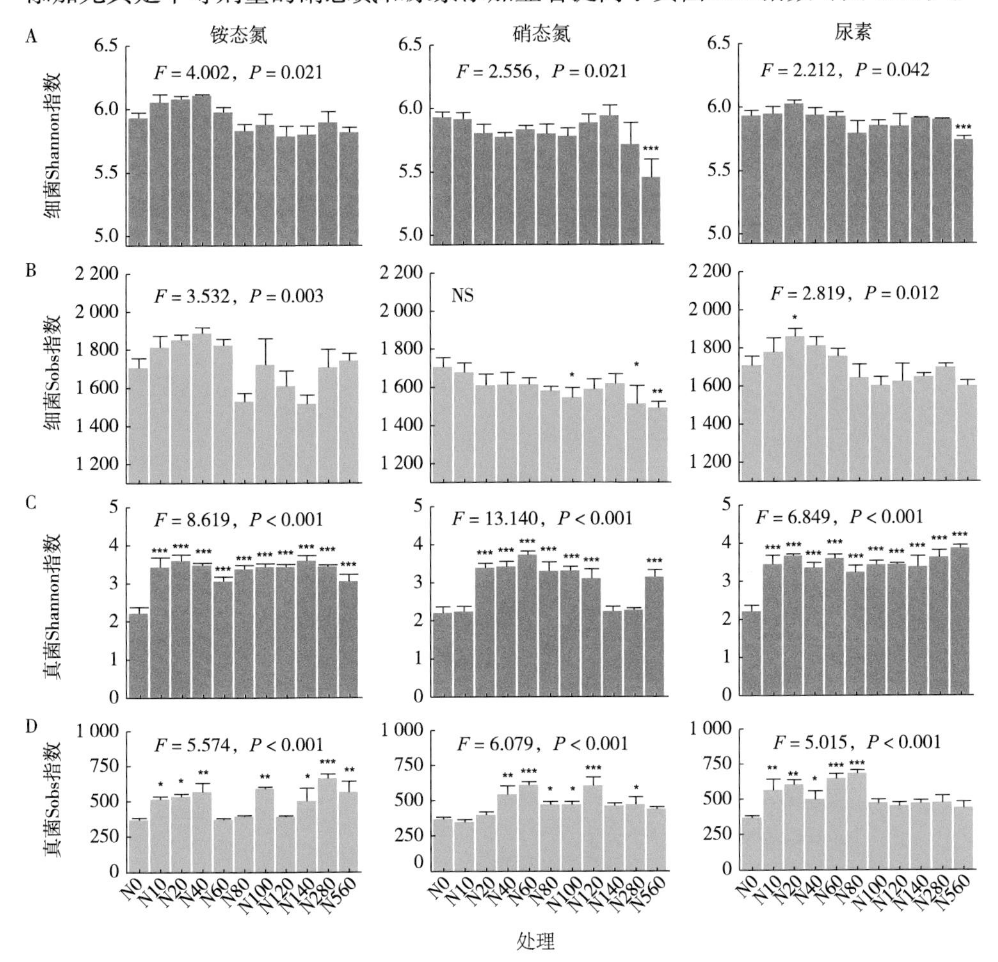

图4.9 3种形态、10个水平氮添加处理下细菌和真菌Shannon指数和Sobs指数

注：图A、B表示细菌多样性；C、D表示真菌多样性。柱状上方的星号表示该剂量氮添加下细菌或真菌多样性与对照相比差异显著（$P<0.05$*，$P<0.01$**，$P<0.001$***），NS表示差异不显著。

在门水平上，细菌群落中变形菌门Proteobacteria、酸杆菌门Acidobacteria、放线菌门Actinobacteria、绿弯菌门Chloreflexi、Rokubacteria、浮霉菌门Planctomycetes、拟杆菌门Bacteroidetes、芽单胞菌门Gemmatimonadetes等门类是优势类群，绿弯菌门是典型的寡营养门类，其相对丰度随铵态氮剂量的增加而降低，而两种典型的富营养门类拟杆菌门Bacteroidetes和变形菌门Proteobacteria在高氮（尤其是硝态氮）添加下显著增殖，Rokubacteria相对丰度随硝态氮和尿素添加剂量增加逐渐降低（图4.10A）。真菌群落以被孢霉门Mortierellomycota、子囊菌门Ascomycota、担子菌门Basidiomycota、隐菌门Rozellomycota、丝足虫类Cercozoa、毛霉门Mucoromycota、壶菌门Chytridiomycota、球囊菌门Glomeromycota等门类为优势类群（图4.10B）。铵态氮和尿素添加下被孢霉门相对丰度降低，而高剂量硝态氮添加下被孢霉门增殖；子囊菌门、担子菌门两种类群与被孢霉门对增氮的响应相反，此消彼长（图4.10B）。

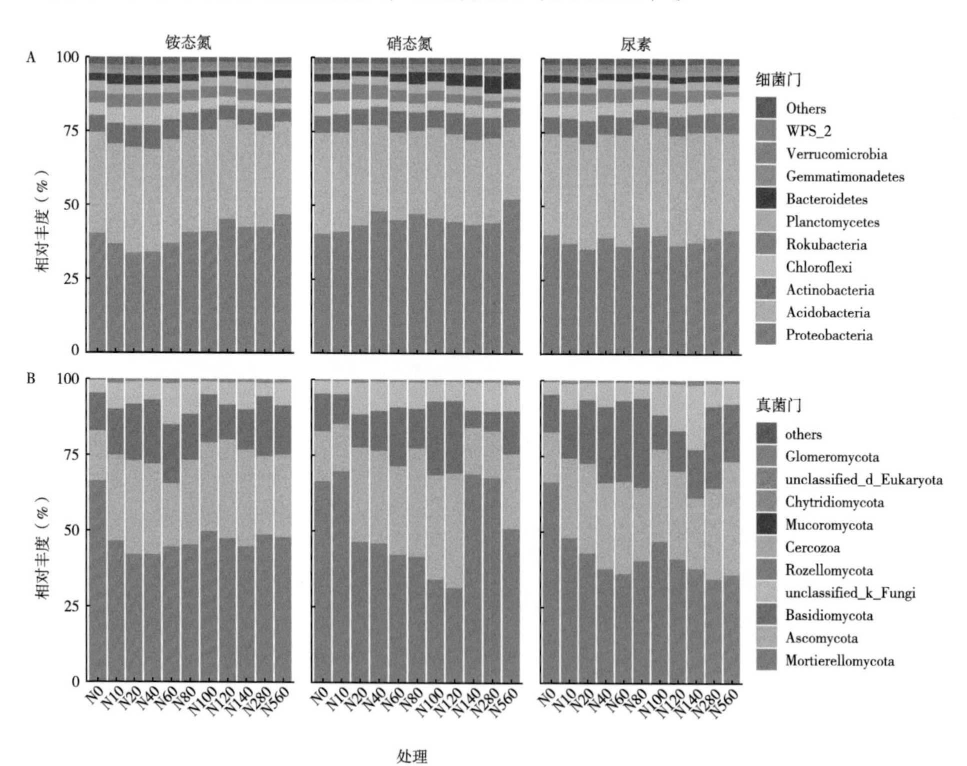

图4.10　3种形态、10个水平氮添加处理下细菌（A）和真菌（B）前10种门类的相对丰度

亚硝化螺菌属*Nitrosospira*作为组成AOB的主要类群，其相对丰度在N120～N560剂量的铵态氮添加下显著提高，在N560剂量的尿素添加下也显著提高，而对硝态氮添加响应不显著（图4.11）。

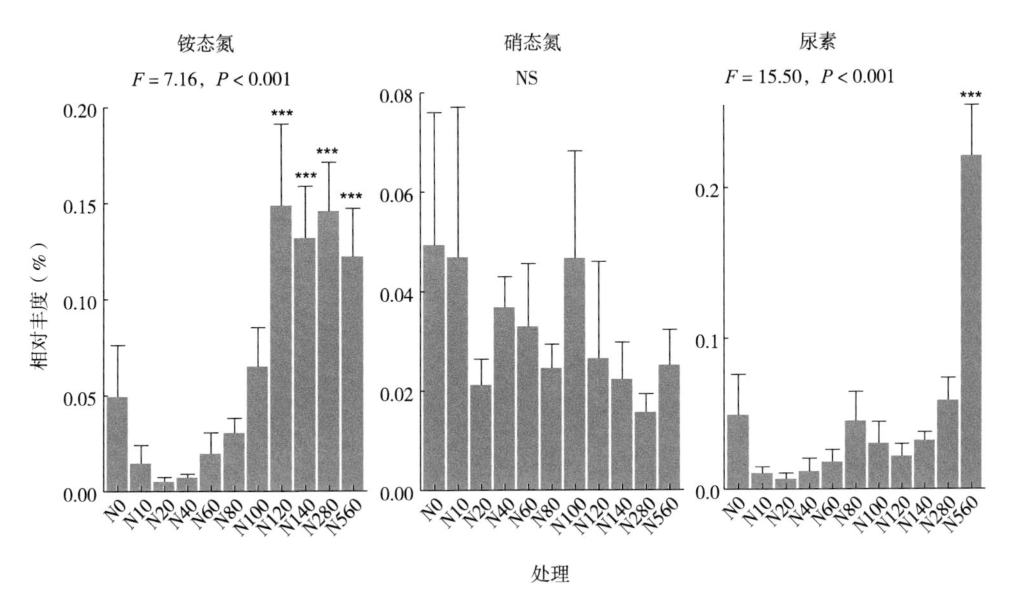

图4.11　3种形态、10个水平氮添加处理下亚硝化螺菌属*Nitrosospira*的相对丰度

注：柱状上方的星号表示该剂量氮添加下*Nitrosospira*相对丰度与对照相比差异显著（$P<0.05$*，$P<0.01$**，$P<0.001$***），NS表示差异不显著。

Bray-Curtis相异矩阵的主坐标分析（PCoA）结果表明，3种形态氮素中，硝态氮添加处理细菌群落组成与对照差异最大，而尿素和铵态氮添加处理对细菌群落组成的影响较弱。3种氮形态中，细菌群落组成对硝态氮和尿素剂量响应显著并呈现明显的梯度效应，中氮（N60、N80、N100）和高氮（N120、N140、N280、N560）处理下细菌群落与对照（CK）不重合，说明中高剂量氮添加显著改变了细菌群落结构（图4.12）。对于真菌群落，铵态氮和尿素添加处理下群落结构相似，二者与CK差异显著；铵态氮和尿素添加对真菌群落的改变与氮添加剂量无关，而硝态氮添加对真菌群落的改变主要发生在中氮（N60、N80、N100）剂量下（图4.13）。

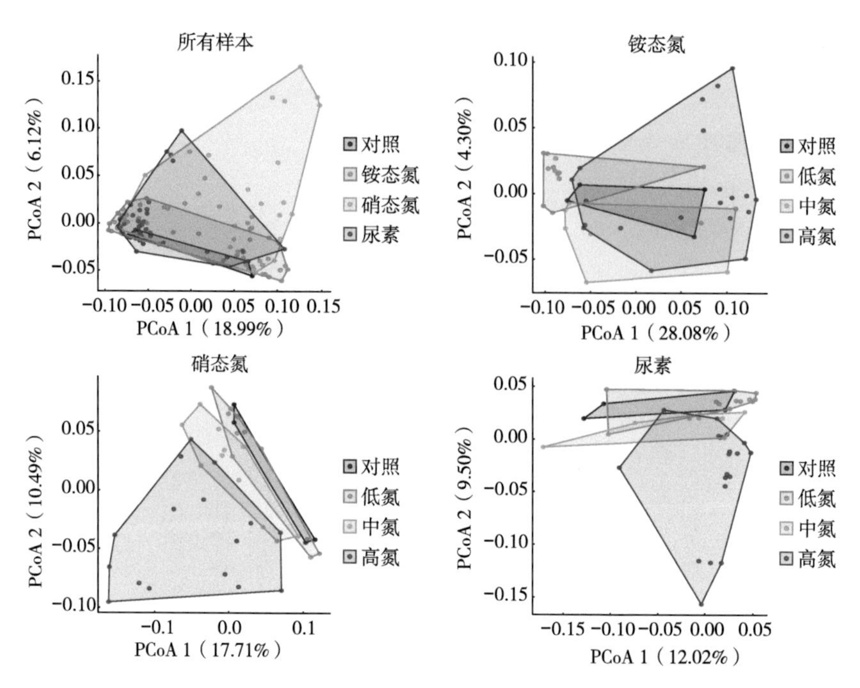

图4.12　3种形态、10个水平氮添加处理下细菌群落组成的主坐标分析

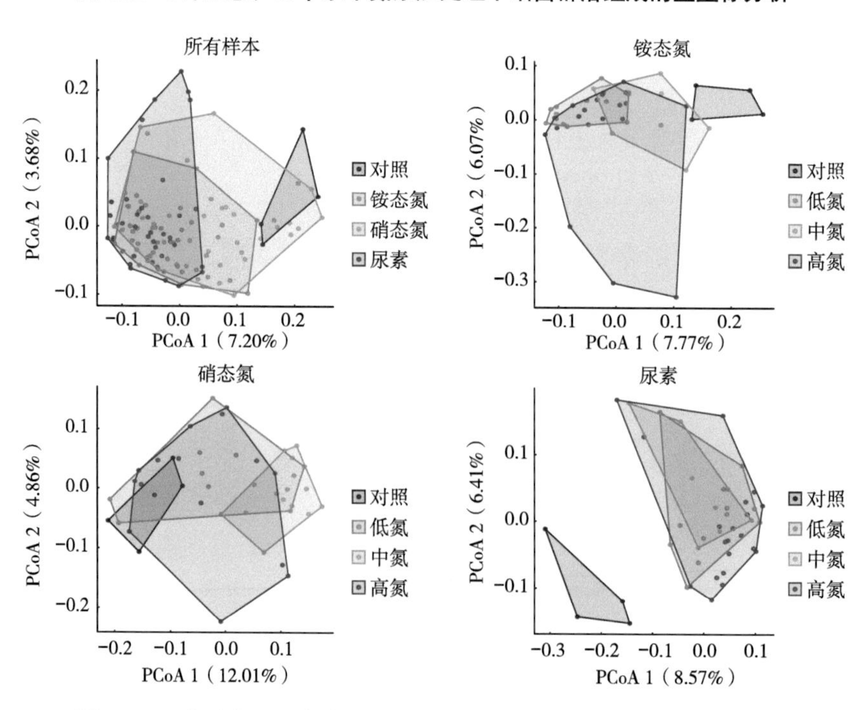

图4.13　3种形态、10个水平氮添加处理下真菌群落组成的主坐标分析

4.2.6 土壤N_2O排放与土壤生物和非生物因子之间的关系

铵态氮添加下，土壤N_2O排放量与NH_4^+-N含量、AOB基因丰度、细菌群落组成（PCoA 1）正相关，而与NAG酶活性和细菌Shannon指数负相关（图4.14）。由于土壤NH_4^+-N和NO_3^--N含量对铵态氮添加剂量的响应相反（图4.6），细菌OTU丰度（Sobs）与土壤NH_4^+-N正相关而与NO_3^--N含量负相关（图4.14）。AOA和AOB基因丰度对铵态氮剂量的响应相反（图4.7），因而氮转化酶活性（NAG和LAP）和细菌Shannon指数与AOA基因丰度正相关而与AOB负相关。NAG和LAP活性均与细菌群落组成负相关（图4.14）。

硝态氮添加下，土壤N_2O排放量与NH_4^+-N和NO_3^--N含量、LAP活性以及细菌群落组成（PCoA 1）正相关，而与土壤pH、细菌物种多样性和群落组成负相关（图4.14）。NH_4^+-N与NO_3^--N含量、NAG与LAP活性均呈正相关关系，它们与细菌群落组成负相关。土壤pH与细菌群落组成正相关，而与NAG、LAP活性负相关。真菌Shannon指数与真菌群落组成（PCoA 1）显著负相关（图4.14)。

尿素添加下，NH_4^+-N与NO_3^--N含量极显著正相关，二者与N_2O排放量均呈现显著的正相关关系，这与硝态氮添加下的结果相似（图4.14）。然而，AOA与AOB对尿素剂量的响应格局相反，只发现AOB基因丰度、土壤矿质氮含量和土壤N_2O排放量正相关，这与铵态氮添加下的结果相似（图4.14）。所有反硝化功能基因丰度以及细菌群落组成均与土壤矿质氮含量负相关。真菌Shannon指数与真菌群落组成（PCoA 1）呈显著的负相关关系（图4.14）。

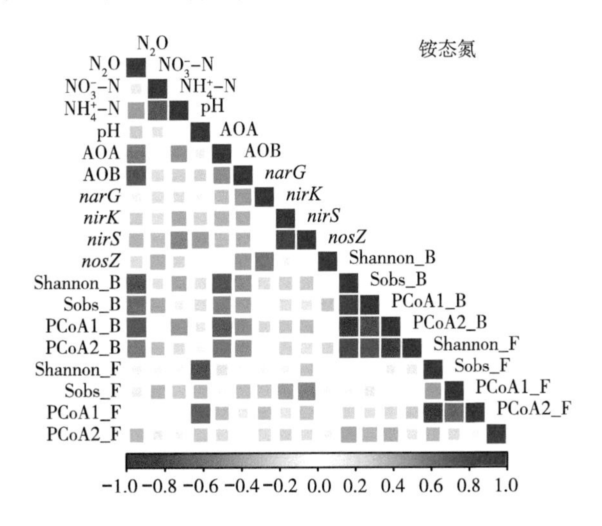

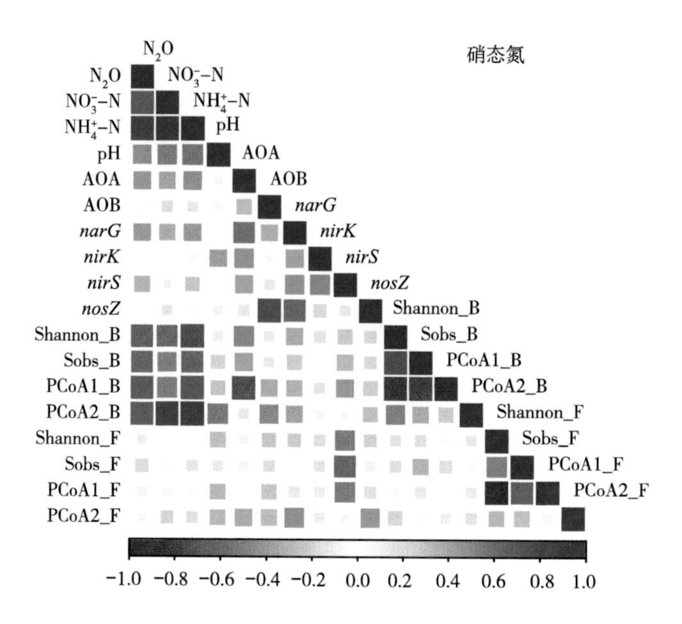

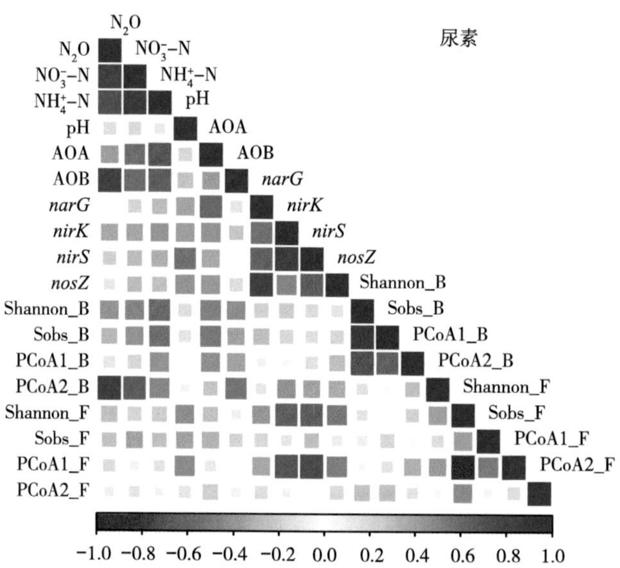

图4.14　3种形态氮添加处理下土壤N_2O排放量、土壤理化属性、功能基因丰度、酶活性、微生物群落组成之间的Person相关性热图

除微生物群落的总体多样性和组成以外，铵态氮和尿素添加条件下亚硝化螺菌属*Nitrosospira*相对丰度的响应比与N_2O排放量的响应比均显著正相关，而硝态氮添加下二者无相关性（图4.15）。

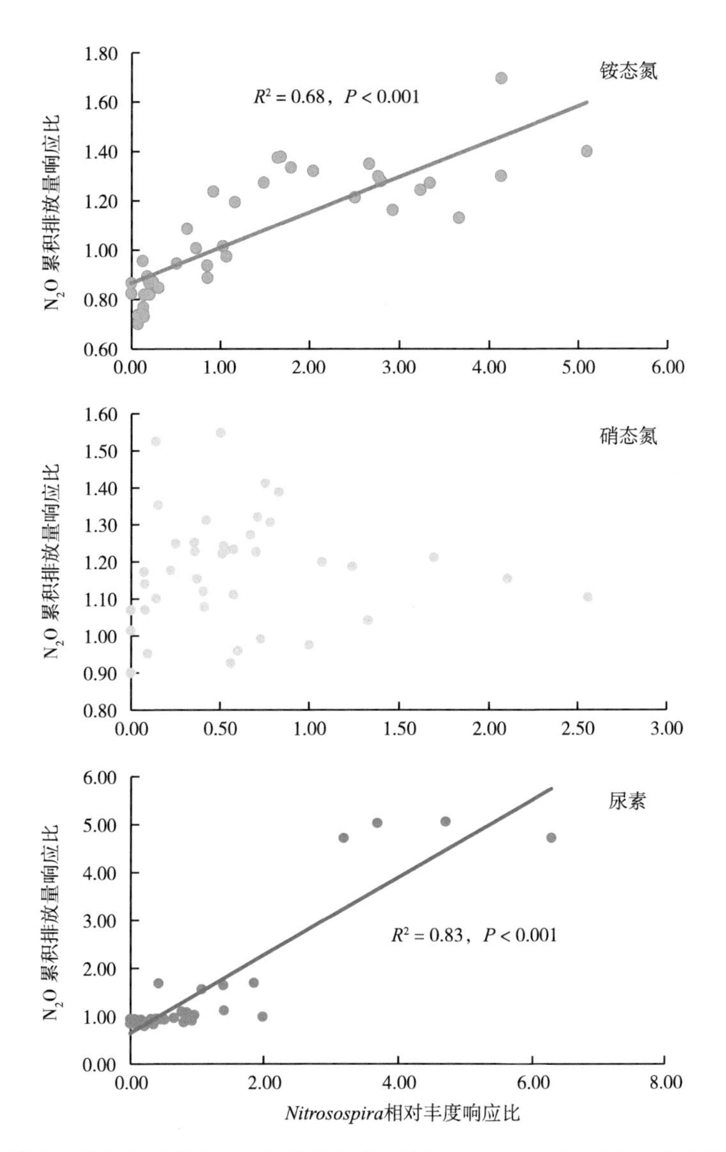

图4.15　3种形态氮添加处理下土壤N_2O排放量响应比与*Nitrosospira*相对丰度响应比的线性回归

注：响应比=处理/对照。

结构方程模型（SEM）分析表明，铵态氮和尿素添加下土壤N_2O排放对氮输入剂量和形态的响应机制相似，而硝态氮添加下的响应机制不同（图4.16）。硝态氮添加的影响途径为：①硝态氮添加促进土壤NO_3^--N的积累，为反硝化提供充足的底物供应，进而促进土壤N_2O排放；②累积的NO_3^--N影响细菌群落组成进而促进土壤N_2O排放。铵态氮添加的影响途径为：①扩大土壤NH_4^+-N库，促进硝化功能微生物AOB的增殖，改变细菌群落结构，进而影响硝化速率、NO_3^--N含量和土壤N_2O排放；②AOB基因丰度的提高直接促进土壤N_2O的产生；③土壤NH_4^+-N的积累为硝化反应提供底物，直接促进土壤N_2O的产生；④铵态氮的输入直接增加土壤N_2O排放。尿素添加下的响应途径为：①尿素添加扩大土壤NH_4^+-N库，促进AOB的增殖，改变细菌群落结构，进而促进土壤N_2O排放；②尿素添加直接刺激土壤N_2O的产生（图4.16）。

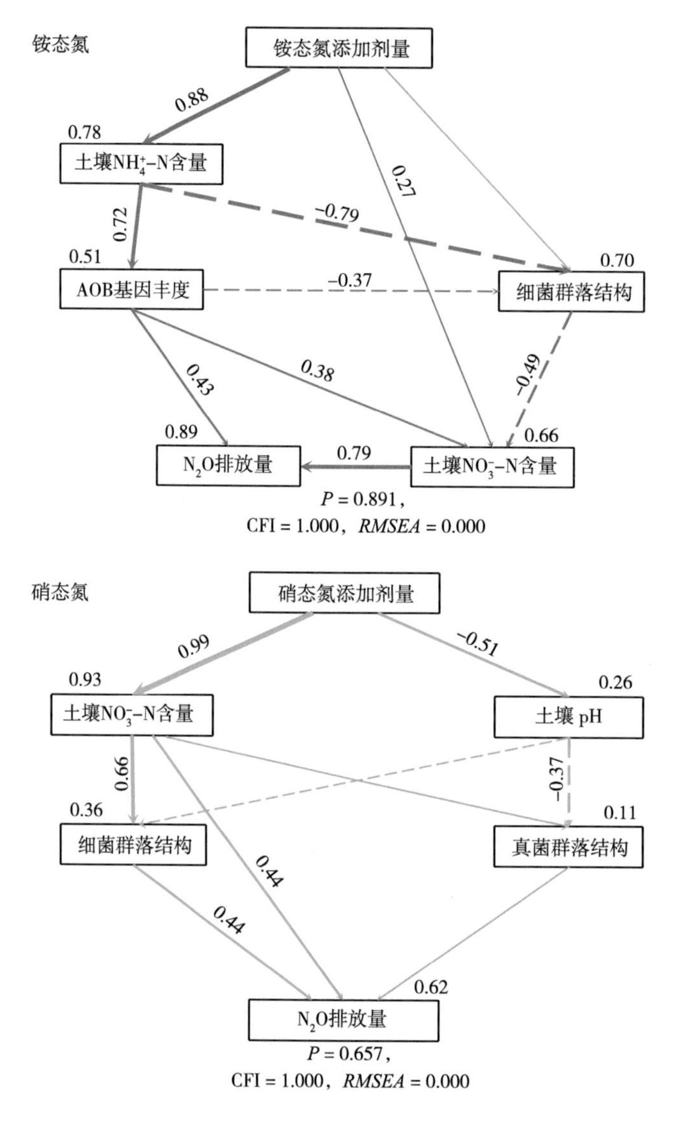

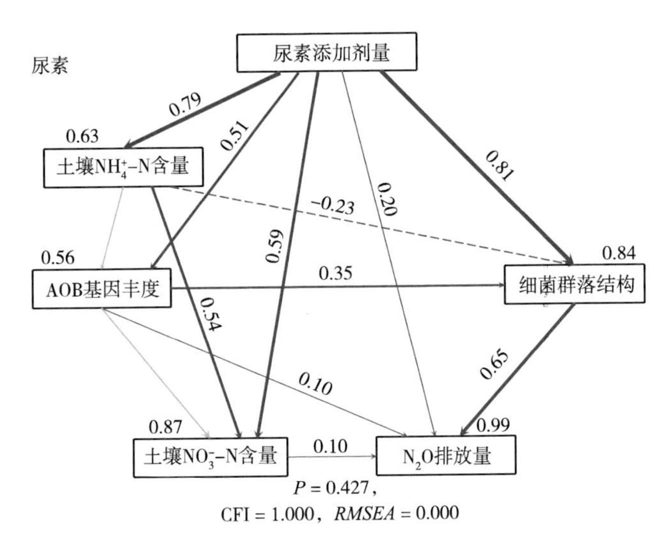

图4.16　基于结构方程模型的土壤N_2O排放对增氮的响应机制

4.3　讨论

4.3.1　土壤N_2O排放对增氮形态和剂量的差异性响应

本研究发现铵态氮、硝态氮和尿素添加下，土壤N_2O排放对氮添加剂量的响应曲线分别为指数上升至最大（饱和型）、“S”型以及指数增长型，这验证了假设①。土壤N_2O排放对铵态氮、硝态氮和尿素添加的临界响应剂量分别为6 kg·hm^{-2}·a^{-1}、80 kg·hm^{-2}·a^{-1}以及280 kg·hm^{-2}·a^{-1}。有趣的是，对于土壤N_2O排放稳定、饱和阶段的出现，铵态氮添加处理的饱和剂量高于140 kg·hm^{-2}·a^{-1}，硝态氮添加处理饱和添加剂量约为560 kg·hm^{-2}·a^{-1}，而尿素添加处理的饱和剂量远未出现。本研究区为典型的温带森林，土壤处于氮限制状态，外源性氮输入可直接缓解微生物氮限制，促进微生物对氮的同化（Gu et al.，2019）。与NO_3^--N相比，微生物同化NH_4^+-N所消耗的能量较少，微生物倾向于优先利用NH_4^+-N（Booth et al.，2005），因此低剂量NH_4^+-N输入提高了土壤铵的固持，减少微生物的底物供应，导致土壤N_2O排放量降低；相反，NO_3^--N添加情景下土壤硝态氮固持速率较低，反硝化微生物底物供应充足，导致土壤N_2O排放量增加。一些研究发现，尿素添加的临界响应剂量为100 kg · hm^{-2} · a^{-1}（McSwiney and Robertson，2005）、45 kg · hm^{-2} · a^{-1}（Hoben et al.，2011）或70 kg · hm^{-2} · a^{-1}（Cheng et al.，2016），均低于本研究的280 kg · hm^{-2} · a^{-1}。Gu等（2019）在温带草地开展的氮添加试验结果表明，土壤N_2O排放量随氮剂量呈“S”型曲线增加，并且在添加剂量320～640 kg · hm^{-2} · a^{-1}时达到饱和，这一剂量范围要宽于本研究的560 kg · hm^{-2} · a^{-1}。结合上述研究和本研究的结果，发现尿素添加可能比铵态氮和硝态氮添加具有更宽的“线性响应阶段”和“指数响应阶段”（Kim et al.，2013），这可能与尿素本身的缓释特性有关。此外，本研究发现土壤N_2O排放对尿素的临界响应剂量较高，并且在0～560 kg · hm^{-2} · a^{-1}剂量范围内尚未出现饱和剂量，暗示今后的研究可考虑设置更宽的试验剂量区间或者延长试验时间，以获取更完整的响应曲线。总体而言，本研究首次清晰量化了土壤N_2O排放对外源氮输入的响应特征，研究结果可为完善土壤氮转化和N_2O排放的过程机理模型提供参考。

以往的案例研究和meta分析表明，在5种化学形态的氮肥（包括NH_4NO_3、NH_4^+、NO_3^-、尿素以及尿素-硝酸铵）中，NO_3^-对N_2O的刺激作用最强（Liu and Greaver，2000；Xiao et al.，2018）。也有研究发现与NO_3^-相比，NH_4^+富集导致的N_2O排放量更高（Peng et al.，2011；Deng et al.，2020）。本研究发现，铵态氮、硝态氮和尿素对N_2O排放的影响大小顺序随氮水平的不同而不同。从N10至N100，硝态氮＞尿素＞铵态氮；在N120和N140之间，铵态氮＞硝态氮＞尿素；在N280和N560处理下，尿素＞硝态氮＞铵态氮（图4.5）。以往的研究已经尝试讨论了N形态效应差异的产生机制。例如，Peng等（2011）指出，铵态氮添加产生的N_2O排放量高于硝酸盐可能是由于硝化作用在N_2O生产中占主导地位；Liu和Greaver（2009）也提到，NO_3^-比NH_4^+对N_2O排放的刺激更大，与其整合分析中的研究案例大多在湿地或潮湿地区进行有关，这些地区反硝化是产生N_2O的主要过程。然而，很少有研究考虑N形态和N水平的交互作用。与田间试验或全球meta分析中的复杂条件相比，本研究恒温恒湿的培养条件和接近均质的土壤使氮水平的影响得以突显出来。在本研究中，低于N100的硝态氮添加量并未导致土壤中NO_3^-的积累（图4.6C）；相反，土壤NH_4^+含量从N40开始增加（图4.6B），表明在低剂量硝态氮添加下，假设反硝化作用不被促进（反硝化基因丰度不变或被抑制，图4.7），硝酸盐有可能促进DNRA过程而释放大量N_2O（Rütting et al.，

2011）。尽管铵态氮添加下N_2O的响应剂量阈值为N60，但土壤NO_3^--N含量仅在N120和N140中显著增加（图4.6B、C），这表明在这些水平下，硝化速率受到高度刺激，并且产生大量N_2O。与铵态氮和硝态氮添加引起的NH_4^+-N的大量积累相反，极高水平（N280、N560）的尿素添加对NH_4^+-N的累积效应要弱很多（图4.6B），避免了过量NH_4^+对硝化微生物的抑制（Webster et al.，2005），有利于大量N_2O的产生。

4.3.2 土壤N_2O排放对增氮剂量和形态的响应机理

相关分析和SEM结果定量分析了土壤N_2O排放与土壤生物和非生物因子之间的关系，有助于深入理解潜在的响应机制。硝态氮添加主要通过增加土壤NO_3^--N含量以及改变细菌群落结构来支配土壤N_2O排放；铵态氮添加主要通过增加土壤NH_4^+-N含量和AOB功能基因丰度来支配土壤N_2O排放；尿素添加主要通过提高土壤NH_4^+-N含量，改变细菌群落结构，增加AOB功能基因丰度主导土壤N_2O排放（图4.17）。

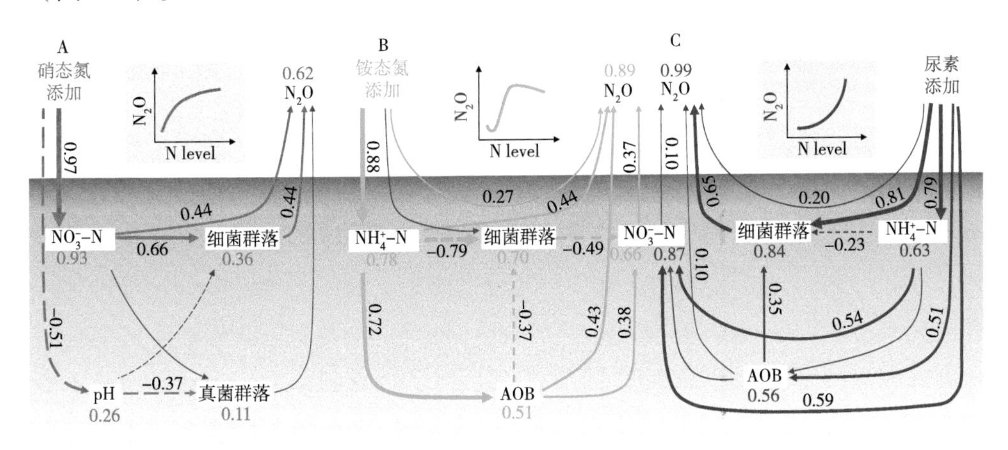

图4.17　土壤N_2O排放对硝态氮、铵态氮、尿素添加的响应模式及其机制

本研究发现，土壤N_2O排放主要受控于土壤矿质氮含量而非土壤pH（图4.17），这验证了假设②。外源氮输入倾向于促进土壤矿质氮的积累，进而增加土壤N_2O排放。全球meta分析显示，土壤NH_4^+-N含量平均增加47.2%，土壤NO_3^--N平均增加428.6%（Niu et al.，2016；Cheng et al.，2019），而且土壤N_2O排放通

常与土壤矿质氮含量显著正相关（Zhang et al.，2008；Chai et al.，2020）。本研究中，3种形态的氮素添加均能显著增加土壤NH_4^+-N含量（图4.6B），除了铵态氮添加会直接引起土壤NH_4^+-N积累外，硝态氮和尿素添加可能促进植物生长和有机氮归还，产生激发效应，加速有机氮的矿化（Kuzyakov et al.，2000），在水分饱和情景下可能还有利于DNRA过程的产生。在硝态氮和尿素添加下，土壤NO_3^--N含量均随氮添加剂量的增加而增加，表明除了氮肥的直接累积效应外，尿素输入会促进土壤硝化及随后的NO_3^-积累。然而，当铵态氮添加剂量超过140 kg·hm^{-2}·a^{-1}，土壤NO_3^--N含量和N_2O排放量均显著降低（图4.5，图4.6C），说明高剂量的铵态氮输入会抑制土壤硝化的进行，可能的原因是：①土壤NH_4^+-N含量超过了微生物的吸收利用能力，导致土壤硝化和N_2O排放速率下降；②由于AOB基因丰度在高剂量铵态氮输入也呈降低趋势（图4.7），推断土壤中NH_4^+-N过量会增加土壤溶液的渗透压，进而对硝化微生物产生胁迫（Webster et al.，2005；Tourna et al.，2010；Zhang et al.，2021）；③添加NH_4Cl不可避免地引入Cl^-，可能会产生毒性效应和渗透压效应。一些研究表明，土壤中的Cl^-可抑制硝化反应，降低NO_3^--N和气态氮的产生速率（Christensen and Brett，1985；Souri，2010）。④土壤NH_4^+-N累积会促进土壤硝化，加剧土壤酸化趋势。土壤pH常被认为是影响土壤N_2O排放的最关键环境因子（Wang et al.，2018）。Meta分析表明氮添加使全球陆地生态系统pH平均降低0.26个单位，当施氮剂量超过50 kg·hm^{-2}·a^{-1}，土壤pH显著降低（Tian and Niu，2015）。本研究发现氮添加导致土壤pH下降了0.14～0.21个单位，土壤pH对铵态氮和尿素添加的响应更加敏感，10 kg·hm^{-2}·a^{-1}还原态氮输入即可显著降低土壤pH，而100 kg·hm^{-2}·a^{-1}以上硝态氮输入才能引起土壤pH显著下降（图4.6A）。氮添加引起土壤酸化的机制有两种：一是硝化反应过程中NH_4^+-N被生物同化时释放出大量H^+引起土壤酸化，二是NO_3^-大量淋溶携带盐基离子流失引起土壤酸化。铵态氮或尿素输入会促进土壤硝化，在此过程中有大量H^+释放，同时也会引起土壤NO_3^--N的累积。由于本研究采用底部密封的玻璃培养瓶，不具备NO_3^-淋溶发生的条件，因而土壤pH下降的原因主要归因于H^+释放而非NO_3^-淋溶，这不同于野外原位试验研究（Tian and Niu，2015）。虽然大量研究发现酸性土壤N_2O排放量更高（Barton et al.，2013；Wang et al.，2018），但是本研究以及一些已发表的文献均未发现土壤N_2O排放量与土壤pH之间存在负相关关系（Morales et al.，2015；Chen et al.，

2019）。上述不一致的结果潜在的解释如下：大部分全球整合分析（Wang et al.，2018）、多站点试验（Mørkved et al.，2007；Barton et al.，2013）或长期试验（Liu et al.，2020）涉及的pH梯度通常较宽（如从酸性到碱性土壤均有涉及），而单站点研究所涉及的pH范围较窄或变化幅度较小（如本研究的pH变化范围不足1个单位），不足以改变土壤N_2O排放量的响应模式。结合SEM分析发现，特定站点土壤N_2O排放量对氮添加的短期响应主要受控于底物有效性（矿质氮含量）而非土壤pH。

本研究发现，随着铵态氮和尿素添加剂量的增加，只有氨氧化细菌（AOB *amoA*）基因丰度随之增加，并与土壤N_2O排放量正相关。与AOA *amoA*相比，AOB *amoA*对土壤NH_4^+-N累积的响应更为敏感，是土壤N_2O排放的主要贡献者（Ouyang et al.，2016；Hink et al.，2017；Meinhardt et al.，2018），部分验证了假设③。铵态氮和尿素添加条件下AOB的主要类群——亚硝化螺菌属*Nitrosospira*相对丰度的响应比与N_2O排放量的响应比均显著正相关（图4.15），进一步证实了AOB对N_2O排放的主导作用。与AOB相比，AOA *amoA*基因在极端酸性土壤（Lu and Jia，2013）、干旱土壤（Adair and Schwartz，2008）以及NH_3含量很低的环境中（Martens-Hab bena et al.，2009）往往丰度较高；相反，在条件适宜尤其是NH_3含量充足的环境中AOB *amoA*丰度更高，主导着土壤的硝化过程（Petersen et al.，2012）。AOB主导着土壤N_2O的产生，原因在于：AOB基因可执行两种N_2O产生过程（NH_2OH氧化和硝化细菌反硝化过程），而AOA因缺少NO还原酶，不能参与NO还原为N_2O的过程（Spang et al.，2012）。对于硝态氮添加，反硝化功能基因丰度并未因底物输入而提高。以往研究表明，土壤充水孔隙度WFPS＞60%时，N_2O主要来源于反硝化过程，而当土壤WFPS＜60%时主要来源于硝化过程（Abbasi and Adams，2000；Bateman and Baggs，2005；Fan and Yoh，2020），土壤水分条件处于临界水平时，硝化和反硝化均可发生（Abbasi and Adams，2000；Xia et al.，2020）。本培养试验土壤WFPS设定为60%适宜硝化菌和反硝化菌的生长，但是所测定的反硝化微生物（*narG*、*nirK*、*nirS*和*nosZ*）受到抑制或不随氮添加剂量的变化而变化（图4.7），说明即便环境条件适宜，底物充足，反硝化微生物也不会大量增殖。可能的原因在于，反硝化微生物是异养微生物，土壤有机碳（SOC）作为碳源供应对其生长至关重要（Levy-Booth et al.，2014）。假设整个培养试验过程中SOC含量保持不变，外源性氮输入可能导致土壤碳供给相对缺乏。

除功能基因外，本研究强调土壤N_2O排放也与土壤微生物尤其是细菌多样性和群落结构有关（图4.14～图4.16），表明氮添加改变土壤微生物群落，会反馈于土壤N_2O的产生和释放（Morales et al.，2015；Highton et al.，2020），该结论部分验证了假设③。氮添加剂量增加倾向于降低细菌多样性（图4.9），这与一些研究结果相一致（Nie et al.，2018；Liu et al.，2020）。然而，关于细菌多样性与土壤N_2O产生及释放之间的耦联关系并不完全清晰。我们推断有两种可能的微生物途径：一是细菌多样性降低，物种间资源竞争减少（Yang et al.，2018a；Chen et al.，2020），有利于土壤N_2O产生菌功能发挥；二是物种多样性降低也可能导致功能多样性降低，多样性高且物种组成稳定的生态系统所具备的互补功能丧失（如反硝化脱氮功能）（Samad et al.，2016），可能促进N_2O产生。细菌群落结构随着氮添加梯度呈现渐变过程，尤其是硝态氮添加处理最为明显（图4.14）。在门水平上，典型的寡营养门类——绿弯菌门Chloreflexi相对丰度随硝态氮剂量的增加而降低，而两种典型的富营养门类拟杆菌门Bacteroidetes和变形菌门Proteobacteria在高氮添加下显著增殖（图4.10），体现了微生物群落从寡营养向富营养门类的转变（Fierer et al.，2012；Männistö et al.，2016）。反硝化真菌的主要类群子囊菌门Ascomycota在铵态氮和尿素添加下丰度提高，暗示真菌反硝化作用可能受到促进。在氮素供应充足时，富营养门类通常具有生长快，周转快，底物利用率高等特征（Männistö et al.，2016），它们对氮素的利用和固持可能部分解释了高氮添加条件下土壤N_2O排放量稳定甚至下降。结合SEM分析结果（图4.16），我们强调氮添加条件下土壤微生物群落结构与功能基因丰度对土壤N_2O排放具有同等的调控作用。

4.3.3 野外原位控制试验和室内培养试验结果之间的差异

通过开展多水平氮添加野外原位控制试验（第2章、第3章）和室内微系统培养试验（第4章），我们发现两种研究方法所得结果并不完全一致。例如，野外原位控制试验和室内培养均发现N_2O排放量随尿素剂量的增加呈现指数型增加，但野外研究结果显示N_2O排放的临界响应剂量处于60～80 kg·hm^{-2}·a^{-1}（本文第3章；Cheng et al.，2016；Lu et al.，2021），而本章研究结果为

280 kg·hm^{-2}·a^{-1}（图4.2）；其次，野外和室内试验结果均揭示出硝化过程是N_2O排放主要来源，但野外结果表明土壤硝化过程主要受AOA *amoA*基因驱动（第3章），而室内培养结果显示主要受AOB *amoA*基因驱动（第4章）。产生以上差异的可能原因有两方面。一是施氮持续时间不同。野外多年长期施氮试验与室内短期的3个月培养试验结果相比，N_2O排放的临界响应剂量较低，说明持续低剂量氮添加会产生与短期、高剂量氮添加相似的生态后果（Aber et al.，1989）。此外，短期和长期施氮下N_2O排放分别由AOB和AOA驱动，说明AOB对外源氮输入的敏感性高于AOA，这与以往研究结论一致（Ouyang et al.，2016；Song et al.，2016）。尽管已有研究表明微生物生物量和胞外酶活性对氮沉降的敏感性随增氮时间延长而降低（Guo et al.，2017；Han et al.，2018），但由于养分利用策略和所处的生态位不同，不同物种对氮输入的响应速度和方向性各异（Burson et al.，2018），随着施氮时间延长优势植物物种或微生物物种均可能发生逆转（Männistö et al.，2016；Yang et al.，2021）。二是风干处理对土壤氮状态的影响以及试验条件差异。对比本研究中土壤矿质氮含量发现，供培养试验所用的风干土NH_4^+-N和NO_3^--N含量分别是野外对照处理下的31.45倍和2.57倍，而风干土经过再湿润培养后（无氮添加），NH_4^+-N降低为供试风干土的18%，而NO_3^--N含量较供试风干土进一步增加1.75倍，这表明在土壤样品采集和风干处理过程中土壤氮矿化和硝化反应一直在持续进行（Bartlett and James，1980；宋建国等，2001），而风干土再湿润过程会进一步刺激硝化作用（林江辉等，2004），以上结果均表明风干处理后土壤氮状态会产生很大变化。此外，经过风干、破碎、均一化的培养试验备用土壤和室内恒温恒湿、缺少植物参与的环境条件与野外情况存在很大差异，可能导致土壤微生物群落结构和氮转化速率（尤其是硝化速率）发生变化，进而产生与野外不同的研究结果（Arnold et al.，2008），因而本研究提示，将室内试验结果向野外进行拓展时需谨慎考虑。

4.4 本章小结

本章区分了土壤N_2O排放对铵态氮、硝态氮和尿素添加剂量的响应模式，界定了临界响应剂量和/或饱和剂量，深入探讨了潜在的微生物学机制。土壤 N_2O 排放对铵态氮、硝态氮和尿素剂量的响应模式分别符合指数上升至最大值（饱和型）、“S”型、指数增加型，临界响应剂量分别为60 kg·hm^{-2}·a^{-1}、80 kg·hm^{-2}·a^{-1}以及280 kg·hm^{-2}·a^{-1}，铵态氮添加饱和剂量为140 kg·hm^{-2}·a^{-1}，硝态氮添加剂量达到560 kg·hm^{-2}·a^{-1}时 N_2O 也呈现稳定、饱和趋势，而尿素添加下土壤 N_2O 排放量随氮剂量呈指数型增加，未出现饱和剂量。室内培养条件下，随着氮添加剂量增加，土壤矿质氮发生累积；与AOA相比，AOB基因在铵态氮和尿素添加时对土壤 N_2O 产生更为关键；对所有形态的氮添加而言，土壤细菌和真菌群落结构和多样性对土壤 N_2O 排放均有重要贡献，其中铵态氮和尿素添加下亚硝化螺菌属*Nitrosospira*对 N_2O 排放贡献显著。本研究强调氮形态是引起土壤 N_2O 排放量差异的重要因素，在改进和优化陆地生态系统氮转化和排放机理模型时应当给予考虑。其次，由于大气活性氮沉降以还原态 NH_4^+-N、氧化态 NO_3^--N以及有机氮形式沉降，近年来我国大气氮沉降 NH_4^+-N/NO_3^--N比呈下降趋势（Yu et al.，2019），因而关于氮形态组成及其比率变化对 N_2O 排放的影响有待进一步研究。此外，本研究揭示了土壤微生物群落结构与功能基因丰度在 N_2O 响应机制中发挥同等调控作用，有助于深入理解氮素富集条件下土壤微生物群落对生态系统功能的反馈作用，但是其反馈强度需在不同生态系统或不同土壤条件下加以验证。

第5章

土壤N_2O排放对NH_4^+、NO_3^-输入比率变化的响应及其机制

温带森林是受氮限制的生态系统，外源性氮输入提高了土壤氮素可利用性，提高生态系统生产力。然而，氮素富集也可能改变土壤微生物群落的组成和活性，反过来影响森林生态系统功能（Revillini et al.，2016）。

土壤微生物群落，尤其是一些特定的微生物功能群（如氨氧化菌和菌根真菌），对养分输入十分敏感（Egerton-Warburton et al.，2007；Wessén et al.，2010）。例如，施氮通常会降低微生物生物量和呼吸速率（Ramirez et al.，2012），改变土壤微生物种群丰度和功能（Treseder，2000；Ramirez et al.，2010；Coolon et al.，2013；Pan et al.，2014），长期的氮输入还会改变细菌或真菌群落的组成（Egerton-Warburton et al.，2007；Campbell et al.，2010；Ramirez et al.，2010）。土壤真菌在土壤有机质分解、养分循环以及病原体的抗性和增殖中起着重要作用（Bender et al.，2014；Cobb et al.，2016）。一些研究表明，增氮倾向于降低真菌生物量和多样性，改变土壤真菌群落的组成（Allison et al.，2007；Zhou et al.，2016）。施氮可以直接增加土壤氮的有效性，缓解微生物氮限制，并改变养分获取能力不同的类群之间的竞争模式。例如，施氮使细菌群落由寡营养类群向共营养类群转变，从而改变土壤微生物群落结构（Fierer et al.，2007）。随着高通量测序技术的发展，近年来已有大量关于增氮对土壤微生物群落结构影响方面的研究，但是鲜有研究将土壤微生物群落变化与元素转化功能的改变联系起来，这比简单描述微生物群落的相对丰度增减更为重要（Fierer et al.，2014）。

由于编码氮代谢的基因通常在分类学上是非保守的，因而细菌16S、真菌

ITS等高通量测序并不能提供有关微生物代谢过程的信息，只有宏基因组方法才能对所有基因同时进行分析，从而能够揭示微生物代谢信息（Jonathan et al.，2015）。近年来已有研究通过宏基因组测序手段，采用COG、Pfam、KEGG、Xander和SEED Subsystems Database等数据库比对，结果表明，长期过量的氮肥输入对多个代谢过程有促进作用（Fierer et al.，2012；Li et al.，2021）。土壤氮转化是微生物驱动的复杂过程体系，几乎所有参与氮素生物地球化学循环的微生物类群均具备催化N_2O产生的能力（Hu et al.，2015）。自养硝化和异养反硝化过程通常被认为是土壤N_2O产生的两个主要过程（Barnard et al.，2005），有关其反应速率、功能基因和微生物类群的研究也最为深入（Brochier-Armanet et al.，2008；Schreiber et al.，2012；Thamdrup，2012；Hallin and Schloter，2007）。除自养硝化和异养反硝化两个过程外，硝化细菌反硝化（Wrage et al.，2001）、亚硝酸盐氧化、厌氧氨氧化（anammox）以及硝酸盐异化还原成铵（DNRA）等过程也能产生N_2O（Hu et al.，2015），但是这些过程在大多数试验和模型研究中未受到应有的重视（Baggs et al.，2011）。

1980—2005年，长白山温带森林区乃至全国大气氮沉降量逐渐增加，2001—2005年达到峰值；近年来，由于受国家减少农业化肥施用和节能减排等政策的影响，东北地区乃至全国年平均大气氮沉降量趋于稳定。2000—2015年，全国大气氮沉降平均值稳定在（20.4 ± 2.6）$kg \cdot hm^{-2} \cdot a^{-1}$，东北地区氮沉降量由1995—2000年的16.27 $kg \cdot hm^{-2} \cdot a^{-1}$增加到2005—2010年的22.71 $kg \cdot hm^{-2} \cdot a^{-1}$，2011—2015年降低到21.02 $kg \cdot hm^{-2} \cdot a^{-1}$（Yu et al.，2019）。此外，东北地区乃至全国氮沉降组成也发生了变化，有机氮始终占总氮沉降量的30%左右（Zhang et al.，2012），而无机氮中NH_4^+/NO_3^-比呈下降趋势（Yu et al.，2019）。1980—2015年我国氮沉降NH_4^+/NO_3^-比从4.82降低到1.39。1995—2018年，东北地区氮沉降NH_4^+/NO_3^-比也由2.47降低到1.17（Yu et al.，2019）。外源性硝态氮、铵态氮和有机氮输入对土壤N_2O排放影响截然不同，氮素形态是解释全球N_2O排放量变异的显著性指标（Liu and Greaver，2009）。第4章研究结果表明，土壤N_2O排放对铵态氮、硝态氮和尿素的输入剂量具有不同的响应模式和微生物学机制，在氮沉降总量趋于稳定的背景下，NH_4^+、NO_3^-输入比率下降对土壤N_2O排放的影响及机制尚不清楚。

本研究通过开展7个NH_4^+/NO_3^-比梯度添加的培养试验，运用宏基因组测序技术，探讨NH_4^+、NO_3^-输入比率变化对土壤N_2O排放的影响及其微生物驱动机制。在特定剂量下（如80 kg・hm^{-2}・a^{-1}），NO_3^-输入引起的土壤N_2O排放量高于NH_4^+添加（第4章），因此我们假设：①NH_4^+、NO_3^-输入比率变化会改变古菌、细菌、真核生物的群落组成、结构及功能；②随着NH_4^+、NO_3^-输入比率的下降，土壤N_2O排放会增加，由于不同功能微生物类群对NH_4^+和NO_3^-输入的响应速度和幅度可能存在差异，土壤N_2O产生途径可能发生转变，进而影响土壤N_2O排放量；③除了硝化、反硝化过程外，土壤N_2O排放可能还与DNRA等其他过程有关。

5.1 材料与方法

5.1.1 土壤样品采集与试验设计

用于培养试验的土壤样品采自中国科学院长白山森林生态系统研究站阔叶红松林样地。研究区概况和采集方法详见4.1.1。

本试验采用单因素试验设计，包括8个NH_4^+/NO_3^-比添加梯度，每个处理4个重复，共有32个培养装置。8个NH_4^+/NO_3^-比梯度分别为CK、5：1、2.5：1、1.5：1、1：1、1：1.5、1：2.5、1：5（下面分别用CK、A5、A2.5、A1.5、AN1、N1.5、N2.5、N5表示），CK无氮添加，氮添加处理按总量80 kg・hm^{-2}・a^{-1}添加，其中有机氮始终占30%。称取115 g均匀混合的风干土（相当于90 g干土），装入250 mL的玻璃培养瓶中，培养瓶顶空预留约100 cm^{3}用以采集气体。按照NH_4^+/NO_3^-比梯度称取相应重量的$NaNO_3$、NH_4Cl和尿素溶于超纯水中，用注射器小心均匀喷洒于培养瓶内土壤表面，随后用称重法将土壤含水量补充到60% WFPS。对照处理喷洒等量的超纯水。将所有培养瓶置于20℃培养箱中恒温敞口连续培养84 d，每两天用称重法补充超纯水，使土壤含水量保持恒定。培养试验结束后，将所有土壤样品取出进行指标测定。

5.1.2 土壤N_2O释放速率和土壤理化属性的测定

培养第0 d、1 d、3 d、5 d、7 d、10 d、12 d、14 d、17 d、20 d、23 d、27 d、31 d、40 d、46 d、50 d、56 d、69 d、75 d和84 d进行N_2O气体采集和浓度

测定，测定方法详见4.1.2。

培养结束后，测定所有土壤样品基本理化属性。NH_4^+-N、NO_3^--N和总可溶性氮（TDN）含量用2 mol·L^{-1} KCl浸提，过滤，滤液用流动化学分析仪测定，可溶性有机氮（DON）含量用总可溶性氮（TDN）减去总无机氮（NH_4^+-N、NO_3^--N）获得。土壤pH用电极法测定（土水比为=1∶2.5）。具体测定方法见2.1.2.2。

5.1.3 土壤微生物群落的宏基因组测序

培养结束后，立即取出土壤样品进行DNA提取和下游的宏基因组测序。DNA提取方法同4.1.4。提取土壤总DNA后，运用Picogreen荧光检测和琼脂糖凝胶电泳对DNA质量进行检测，质量合格的样品用于下游测序。基于Illumina HiSeq高通量测序平台，采用全基因组鸟枪法（Whole genome shotgun，WGS）策略，将提取获得的菌群宏基因组总DNA为模板合成的cDNA双链，随机打断为短片段，并构建合适长度的插入片段文库，对这些文库进行双端（Paired-end，PE）测序。对高通量测序下机的双端序列原始数据进行质量筛查，采用Cutadapt（v1.17）识别3′端潜在的接头序列（极少数测通的情况会出现），并在识别的接头序列处截断。要求与接头序列（R1：AGATCGGAAGAGCACACGTCTGAACTCCAGTCA；R2：AGATCGGAAGAGC-GTCGTGTAGGGAAAGAGTGT）的匹配长度至少达到3 bp，且允许至多20%的碱基错配率。去除3′端接头序列后，使用fastp（v0.20.0）采用滑动窗口法对序列进行质量筛查：窗口大小为5 bp，从5′端第一个碱基位置开始移动，要求窗口中碱基平均质量≥Q20（即碱基平均测序准确率大于99%），从第一个平均质量值低于Q20的窗口的3′端碱基处截断序列。经上述质量筛查后，去除序列长度小于50 bp的序列和含有模糊碱基的序列，获取可用于下游宏基因组分析的高质量数据集（Clean data），并统计其占测序原始数据的比例。接着，对高质量序列进行宏基因组序列拼接组装，构建宏基因组Contigs序列集，并进行基因预测，获得非冗余蛋白序列集，随后对蛋白序列用KEGG数据库进行功能注释，获得各等级的功能类群丰度谱，同时也对高质量数据集、拼接序列进行物种注释，获得种以及种以下精细水平的物种组成谱。KEGG氮代谢通路所涉及的氮转化功能基因见表5.1。

表5.1　KEGG数据库中氮代谢通路（KO00910）所涉及的功能基因

功能基因（亚基）	注解	KEGG编号
	硝酸盐同化还原为铵	
narB	铁氧还蛋白硝酸盐还原酶	K00367
NR	硝酸盐还原酶［NAD（P）H］	K10534
nasA	同化硝酸盐还原酶催化亚基	K00372
nasB	同化硝酸盐还原酶电子转移亚基	K00360
NIT-6	亚硝酸盐还原酶［NAD（P）H］	K17877
nirA	铁氧还蛋白亚硝酸盐还原酶	K00366
	硝酸盐异化还原为铵（DNRA）	
nirB	亚硝酸盐还原酶（NADH）大亚基	K00362
nirD	亚硝酸盐还原酶（NADH）小亚基	K00363
nrfA	亚硝酸盐还原酶（细胞色素c-552）	K03385
nrfH	细胞色素c亚硝酸盐还原酶小亚基	K15876
	反硝化	
narG	硝酸盐还原酶/亚硝酸盐氧化还原酶，α亚基	K00370
narH	硝酸盐还原酶/亚硝酸盐氧化还原酶，β亚基	K00371
narI	硝酸盐还原酶γ亚基	K00374
napA	周质硝酸盐还原酶NapA	K02567
napB	细胞色素c型蛋白NapB	K02568
nirK	亚硝酸盐还原酶（NO生成）	K00368
nirS	亚硝酸盐还原酶（NO生成）/羟胺还原酶	K15864
norB	一氧化氮还原酶亚基B	K04561
norC	一氧化氮还原酶亚基C	K02305
nosZ	氧化亚氮还原酶	K00376
	固氮	
nifD	固氮酶钼铁蛋白α链	K02586
nifK	固氮酶钼铁蛋白β链	K02591
nifH	固氮酶铁蛋白NifH	K02588
anfG	固氮酶δ亚基	K00531

（续表）

功能基因（亚基）	注解	KEGG编号
	硝化	
amoA	甲烷/氨单加氧酶亚基A	K10944
amoB	甲烷/氨单加氧酶亚基B	K10945
amoC	甲烷/氨单加氧酶亚基C	K10946
hao	羟胺脱氢酶	K10535
	厌氧氨氧化	
hdh	肼脱氢酶	K20935
	有机氮过程	
gltB	谷氨酸合成酶（NADPH/NADH）大链	K00265
gltD	谷氨酸合成酶（NADPH/NADH）小链	K00266
GLT1	谷氨酸合成酶（NADPH/NADH）	K00264
E1.4.7.1	谷氨酸合成酶（铁氧还蛋白）	K00284
glnA	谷氨酰胺合成酶	K01915
GDH2	谷氨酸脱氢酶	K15371
gudB	谷氨酸脱氢酶	K00260
gdhA_GLUD1_2	谷氨酸脱氢酶［NAD（P）+］	K00261
gdhA_E1.4.1.4	谷氨酸脱氢酶（NADP+）	K00262

5.1.4 数据统计分析

所有数据均先进行Shapiro-Wilk正态性检验，对不符合正态分布的数据进行ln转换。运用单因素方差分析来判断NH_4^+、NO_3^-输入比率对土壤N_2O排放量、土壤理化属性、氮转化功能基因丰度、土壤微生物群落组成和多样性的影响，运用Duncan多重比较方法检验各试验处理之间差异是否显著。不同处理间土壤古菌、细菌和真菌群落结构之间的差异（β多样性）采用基于Bray-Curtis相异矩阵的主坐标分析（Principal coordinates analysis，PCoA）方法进行检验，PCoA分析运用R语言（R Core Team，2020）中vegan、ggplot2和plyr程序包进行分析和绘图。

5.2 结果与分析

5.2.1 土壤N_2O排放对NH_4^+/NO_3^-比变化的响应

84 d培养期内，土壤N_2O排放主要集中在前10 d，第2～3 d达到排放峰值，10 d以后排放速率接近0且十分稳定（图5.1a）。前3 d，AN1处理下土壤N_2O排放速率最高，在第3 d达到峰值（5.77 μg・kg^{-1}・h^{-1}，NO_2-N，干基，下同）。A5和A2.5处理次之，在第3 d分别达到最大值3.69 μg・kg^{-1}・h^{-1}和2.04 μg・kg^{-1}・h^{-1}。增氮处理中N2.5最低（最大速率0.95 μg・kg^{-1}・h^{-1}），CK低于所有施氮处理（最大速率0.54 μg・kg^{-1}・h^{-1}）。第3～7 d，所有试验处理土壤N_2O排放速率均有所下降，AN1下降幅度最大；除A1.5处理仍保持较高的排放速率外，其余增氮处理均降低到对照水平，最高不超过0.18 μg・kg^{-1}・h^{-1}（图5.1a）。至培养结束时，土壤N_2O累积排放量依次为：AN1 > N1.5 > 其余施氮处理 > CK > N2.5（图5.1b、c）。

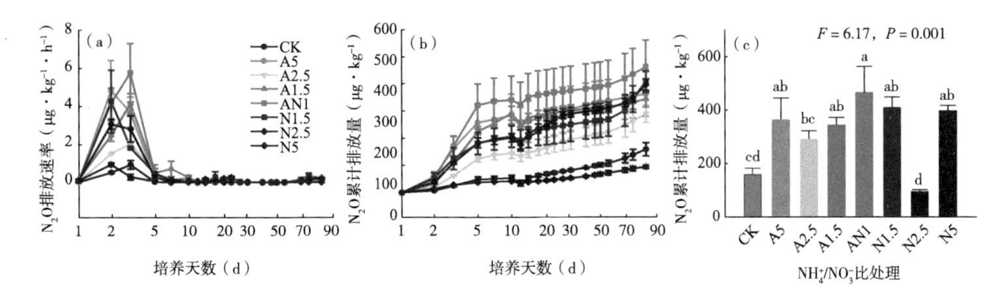

图5.1　84 d培养期内土壤N_2O排放速率和累积排放量的变化

注：图a、b分别表示N_2O排放速率和累积排放量随培养时间的变化；c表示培养结束时（第84 d）各处理间土壤N_2O累积排放量。数据为均值和标准误，不同小写字母表示各处理间土壤N_2O累积排放量差异显著（P<0.05）。

5.2.2 土壤理化属性

经过84 d的培养，除土壤NH_4^+-N外，各试验处理间土壤pH、NO_3^--N、DOC、TC、TN、C/N比差异均不显著（表5.2）。所有施氮处理土壤NH_4^+-N含量显著高于CK，但是各施氮处理间差异不显著。从数值上看，NH_4^+/NO_3^-比＞1的处理下土壤NH_4^+-N含量略高，而NH_4^+/NO_3^-比＝1时TC、TN含量略高于其他处理（表5.2）。

表5.2　不同NH_4^+、NO_3^-输入比率下的土壤理化属性

处理	pH	NO_3^--N（mg·kg^{-1}）	NH_4^+-N（mg·kg^{-1}）	DOC（mg·kg^{-1}）	TC（g·kg^{-1}）	TN（g·kg^{-1}）	C/N比
CK	4.81±0.03	20.75±0.92	46.06±1.98b	12.77±0.73	85.33±2.98	7.94±0.05	10.75±0.31
A5	4.82±0.02	19.34±0.69	52.40±0.89a	12.94±0.13	88.42±0.39	7.91±0.07	11.18±0.13
A2.5	4.82±0.01	19.71±0.13	51.54±1.18a	13.06±0.11	86.84±2.36	7.80±0.03	11.13±0.32
A1.5	4.80±0.01	19.61±0.34	52.21±0.52a	13.12±0.24	91.21±0.59	7.87±0.10	11.59±0.09
AN1	4.82±0.01	19.82±0.31	50.37±0.23a	12.86±0.42	92.84±0.63	8.10±0.09	11.47±0.21
N1.5	4.83±0.03	19.64±0.48	49.17±0.51ab	13.40±0.54	87.27±0.69	7.75±0.09	11.27±0.14
N2.5	4.84±0.02	20.06±1.08	51.64±1.70a	13.46±0.51	89.09±0.57	7.94±0.09	11.23±0.15
N5	4.84±0.01	17.98±0.39	49.30±0.38ab	13.23±0.28	90.81±2.19	7.87±0.06	11.55±0.36
F	0.44	1.57	3.76	0.35	2.42	1.85	1.34
P	0.86	0.21	0.01	0.92	0.07	0.15	0.30

注：数据为均值±标准误差，不同小写字母表示不同NH_4^+/NO_3^-比处理之间差异显著（P<0.05）。

5.2.3　土壤微生物群落的组成和多样性

所有处理土壤微生物物种注释共发现古菌、细菌、真核生物3个域，185个门，215个纲，585个目，1 305个科，4 598个属，33 948个种。细菌reads数目最多，真核生物次之，古菌最少（表5.3）。所有处理中，AN1处理下古菌、细菌、真核生物reads数最多，而N2.5处理下古菌和真核生物reads数最少，N1.5处理下细菌reads数最少，NH_4^+/NO_3^-比＞1的处理下细菌域reads数高于NH_4^+/NO_3^-比＜1的处理（表5.3）。

门水平上细菌域物种分布最均匀，真核生物域次之，古菌域分布均匀度最低（图5.2）。古菌域中，奇古菌门Thaumarchaeota占绝对优势，在所有处理中相对丰度均高于65%，其次为广古菌门Euryarchaeota（21.37%）、泉古菌门Crenarchaeota（2.73%）、深古菌门Bathyarchaeota（1.46%），而奥斯古菌Woesearchaeota、索尔古菌Thorarchaeota、微古菌门Micrarchaeota、初古菌门Korarchaeota、火星古菌门Marsarchaeota、海姆达尔古菌Heimdallarchaeota等门类相对丰度均低于1%（图5.2A）。除A5和N2.5处理外，其余增氮处理奇古菌门Thaumarchaeota相对丰度均高于CK，其中A1.5处理最高（75.97%），N2.5处理最低（66.07%）。NH_4^+/NO_3^-比＞1的处理中，随着NH_4^+/NO_3^-比从5降低到1.5，奇古菌门Thaumarchaeota相对丰度由68.03%增加到75.97%；而当NH_4^+/NO_3^-比＜1时，N2.5处理奇古菌门Thaumarchaeota相对丰度显著低于N1.5（72.73%）和N5（74.57%）（图5.2A）。其余门类和奇古菌门Thaumarchaeota的相对丰度存在此消彼长的关系。例如，所有处理中广古菌门Euryarchaeota和泉古菌门Crenarchaeota相对丰度在N2.5最高（分别为25.47%和3.47%），A1.5最低（分别为18.31%和2.12%），除A5（分别为24.36%和3.09%）和N2.5处理外，其余增氮处理下广古菌门*Euryarchaeota*相对丰度均低于CK（分别为22.55%和2.91%），NH_4^+/NO_3^-比＞1的处理中，广古菌门Euryarchaeota相对丰度随着NH_4^+/NO_3^-比降低而降低（图5.2A）。

表5.3　不同NH_4^+、NO_3^-输入比率下的土壤微生物类群reads数目表

NH_4^+/NO_3^-比	古菌	细菌	真核生物
CK	38 647	19 120 583	74 990
A5	33 523	18 524 648	64 140
A2.5	37 356	18 734 504	71 266
A1.5	39 221	16 415 362	64 577
AN1	42 814	19 928 455	77 854
N1.5	33 663	15 537 747	63 717
N2.5	25 290	15 659 467	61 638
N5	36 022	16 129 791	76 547

细菌域中，变形菌门Proteobacteria占绝对优势，平均相对丰度53.48%，其次为放线菌门Actinobacteria（平均相对丰度18.32%）、酸杆菌门Acidobacteria（平均相对丰度10.99%）、疣微菌门Verrucomicrobia（4.29%）、厚壁菌门Firmicutes（4.27%）、芽单胞菌门Gemmatimonadetes（2.58%）、拟杆菌门Bacteroidetes（2.51%）和浮霉菌门Planctomycetes（1.47%），而绿弯菌门*Chloroflexi*、迷踪菌门*Elusimicrobia*等其他门类相对丰度低于1%（图5.2B）。主要门类中，AN1处理下变形菌门Proteobacteria相对丰度最低（52.37%），A5处理下最高（54.80%）；NH_4^+/NO_3^-比＜1的处理中变形菌门Proteobacteria相对丰度高于NH_4^+/NO_3^-比＞1的处理，且当NH_4^+/NO_3^-比＜1时，随着NH_4^+/NO_3^-比降低变形菌门Proteobacteria相对丰度呈逐渐增加趋势。放线菌门Actinobacteria丰度不随NH_4^+/NO_3^-比变化而改变；放线菌门Acidobacteria相对丰度在AN1处理下最低（9.62%），而在其他处理中相差不大，在11%左右浮动。与对照相比，增氮处理降低迷踪菌门Elusimicrobia的相对丰度，当NH_4^+/NO_3^-比＞1时，迷踪菌门Elusimicrobia相对丰度随着NH_4^+/NO_3^-比降低而降低；其余门类随NH_4^+/NO_3^-比变化不明显（图5.2B）。

真核生物域中，子囊菌门Ascomycota相对丰度占比最高，平均65.86%，其次为毛霉门Mucoromycota（19.08%）、担子菌门Basidiomycota（7.82%）、绿藻门Chlorophyta（2.30%）、壶菌门Chytridiomycota（1.26%）和捕虫霉门Zoopagomycota（1.03%），红藻门Rhodophyta、硅藻门Bacillariophyta、顶复动物亚门Apicomplexa、隐藻门Cryptophyta等门类相对丰度均不足1%（图5.2C）。子囊菌门Ascomycota在A5处理下相对丰度最低（63.01%），而在N1.5处理下最高（69.33%）；当NH_4^+/NO_3^-比＞1时，随着NH_4^+/NO_3^-比降低子囊菌门Ascomycota相对丰度呈逐渐增加趋势，当NH_4^+/NO_3^-比＜1时，N1.5和N5处理子囊菌门Ascomycota相对丰度高于N2.5处理。担子菌门Basidiomycota和捕虫霉门Zoopagomycota对NH_4^+/NO_3^-比的响应与子囊菌门Ascomycota相反，相对丰度呈现互补规律。担子菌门Basidiomycota在AN1处理下相对丰度最高（8.54%），而在N1.5处理下最低（7.39%）；当NH_4^+/NO_3^-比＞1时，随着NH_4^+/NO_3^-比降低担子菌门Basidiomycota相对丰度呈逐渐降低趋势，当NH_4^+/NO_3^-比＜1时，N1.5和N5处理下担子菌门Basidiomycota相对丰度低于N2.5处理。捕虫霉门Zoopagomycota在N2.5处理下相对丰度最高（1.10%），而在N1.5处理下最低（0.93%）；当NH_4^+/NO_3^-

比＞1时，随着NH_4^+/NO_3^-比降低捕虫霉门Zoopagomycota相对丰度亦呈逐渐降低趋势，当NH_4^+/NO_3^-比＜1时，N1.5和N5处理下捕虫霉门Zoopagomycota相对丰度低于N2.5处理（图5.2C）。其余门类对NH_4^+/NO_3^-比变化响应不敏感。

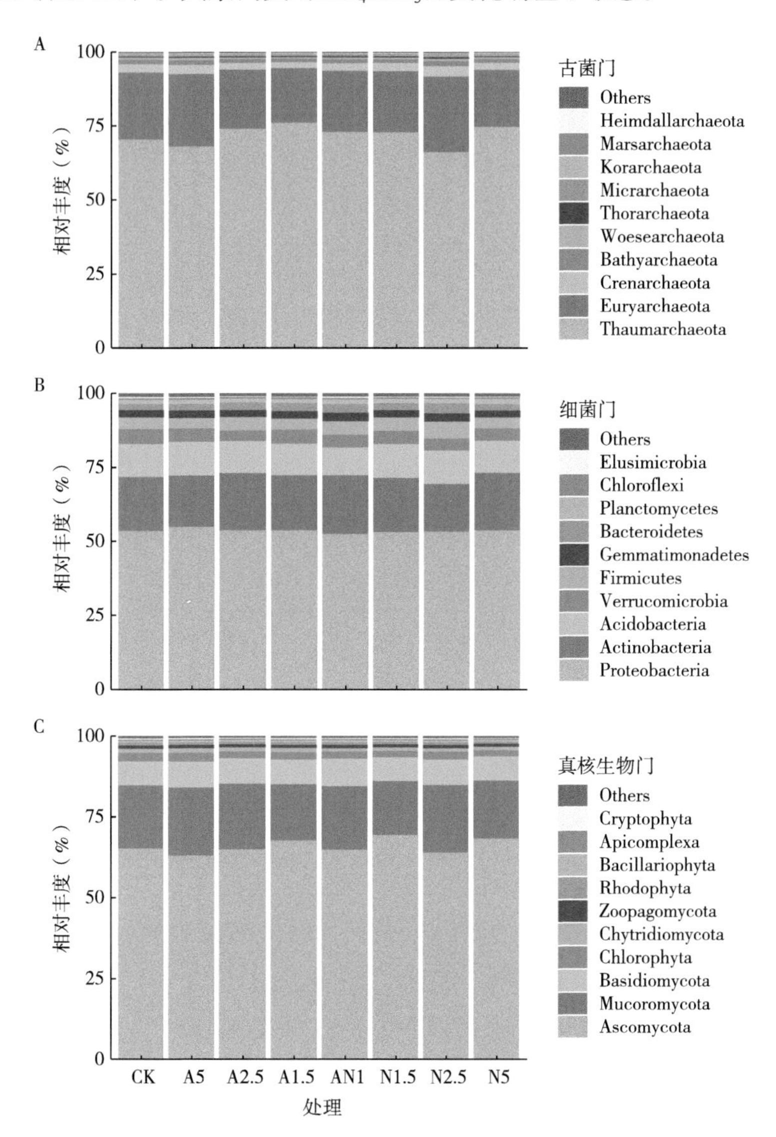

图5.2　不同NH_4^+、NO_3^-输入比率下古菌（A）、细菌（B）、真核生物（C）门水平上前10位相对丰度

不同NH_4^+、NO_3^-输入比率下，土壤古菌、细菌、真核生物Shannon指数、Sobs指数均无显著差异（表5.4）。但是，与CK相比，增氮处理下古菌Shannon

指数有增加趋势，NH_4^+/NO_3^-比>1的处理古菌、细菌、真核生物Sobs指数高于NH_4^+/NO_3^-比<1的处理（表5.4）。

表5.4　不同NH_4^+、NO_3^-输入比率下古菌、细菌、真核生物α多样性指数

处理	古菌		细菌		真核生物	
	Shannon指数	Sobs指数	Shannon指数	Sobs指数	Shannon指数	Sobs指数
CK	3.07 ± 0.16	830.00 ± 11.06	6.63 ± 0.05	22 099.00 ± 70.44	5.02 ± 0.12	1 342.00 ± 7.23
A5	3.18 ± 0.15	829.00 ± 18.45	6.66 ± 0.01	22 042.33 ± 239.14	5.01 ± 0.09	1 280.00 ± 21.07
A2.5	2.85 ± 0.09	809.00 ± 16.50	6.63 ± 0.01	21 913.33 ± 182.46	4.96 ± 0.03	1 291.00 ± 21.08
A1.5	2.78 ± 0.12	813.33 ± 17.49	6.65 ± 0.00	21 816.00 ± 80.65	5.04 ± 0.04	1 314.33 ± 39.18
AN1	2.96 ± 0.08	842.67 ± 28.17	6.67 ± 0.02	22 193.33 ± 109.85	5.00 ± 0.05	1 322.00 ± 9.02
N1.5	2.94 ± 0.21	776.33 ± 29.16	6.58 ± 0.05	21 599.00 ± 137.85	5.07 ± 0.07	1 271.33 ± 36.02
N2.5	3.25 ± 0.18	771.33 ± 12.7	6.51 ± 0.09	21 627.33 ± 78.88	4.96 ± 0.05	1 230.00 ± 31.09
N5	2.82 ± 0.15	801.00 ± 6.81	6.68 ± 0.02	21 755.33 ± 166.26	4.97 ± 0.08	1 298.00 ± 10.60

注：Sobs指数指检测到的物种总数；数据展示为均值±标准误。

土壤全微生物群落结构在A5、A1.5、N5处理下与CK较为相似，而在A2.5、AN1、N1.5、N2.5等处理下与CK差异较大。N1.5、N2.5、N5处理间有明显的区分，并且沿PCoA第一轴方向依次排列，说明土壤全微生物群落结构在NH_4^+/NO_3^-比<1时随NH_4^+/NO_3^-比有明显的梯度变化（图5.3A）。N1.5、N2.5处理下的古菌、细菌和真核生物群落变异均较大，其余处理下群落变异较小，分布集中，处理间差异更为显著（图5.3B、C、D）。除A5外，其他增氮处理下古菌群落结构与CK均表现出一定的差异，N1.5、N2.5、N5处理间群落差异不明显，而A1.5、A2.5、A5处理间沿PCoA第二轴方向差异明显，A2.5和A5差异最大，A1.5介于二者之间（图5.3B）。AN1处理下细菌群落结构与CK差异最显著，其次为N2.5处理，其余处理下细菌群落结构与CK均存在相似的部分，并且细菌群落结构随NH_4^+/NO_3^-比的变化亦无明显变化（图5.3C）。AN1处理下真核生物群落结构与CK差异最显著，NH_4^+/NO_3^-比<1时真核生物群落结构与CK更为接近，NH_4^+/NO_3^-比<1时与CK差异更大（图5.3D）。

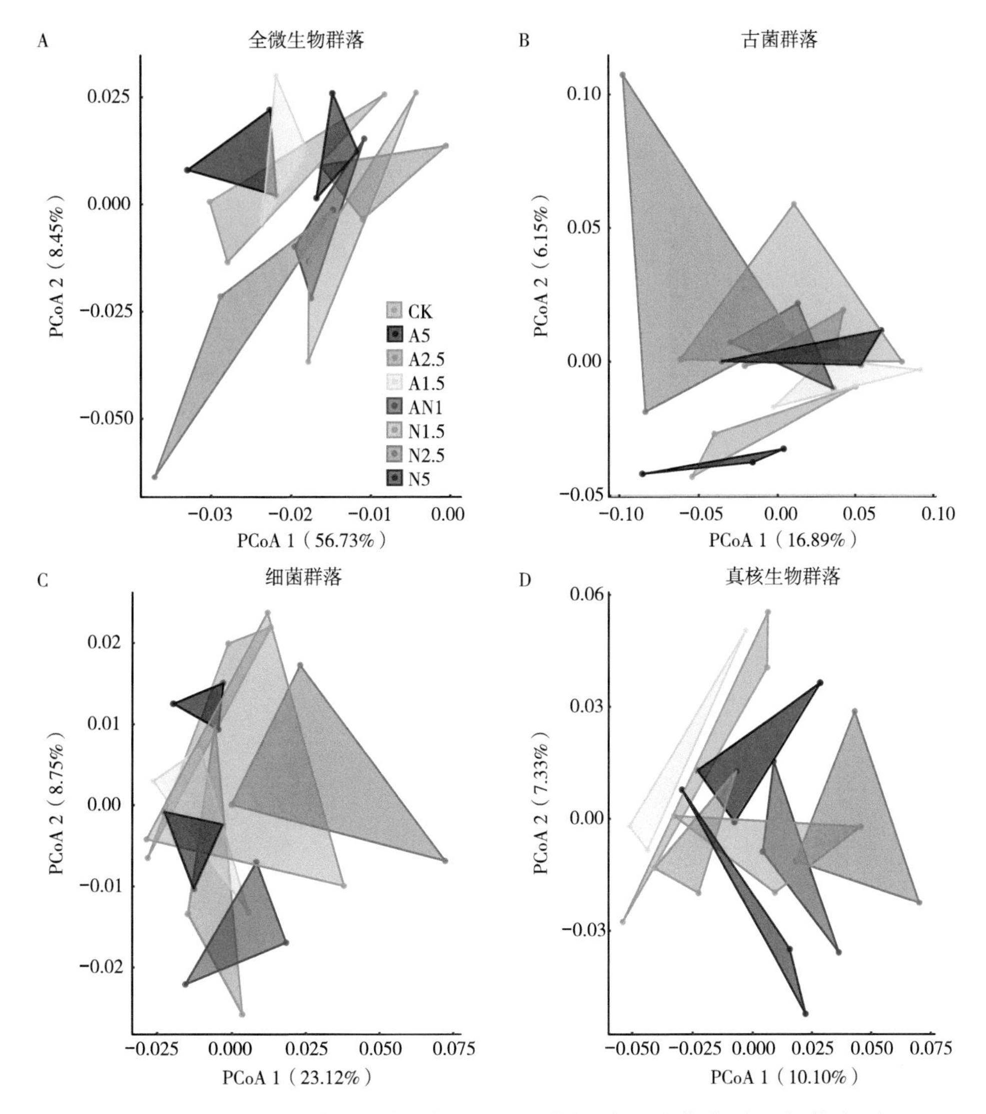

图5.3　不同NH_4^+、NO_3^-输入比率下全微生物群落（A）、古菌（B）、细菌（C）、真核生物（D）门水平上的PCoA分析图

选取古菌、细菌、真核生物门水平上相对丰度高于1%的菌群丰度与土壤环境因子进行相关性分析，发现除细菌域厚壁菌门*Firmicutes*和拟杆菌门*Bacteroidetes*之外，其他主要菌群与土壤pH均呈负相关；主要菌群均与土壤NO_3^--N、NH_4^+-N含量分别呈正相关和负相关关系；除古菌域奇古菌门Thaumarchaeota之外，其余菌群与TN均呈正相关；主要菌群均与DOC负相关；菌群与土壤TC含量和C/N比关系较弱（图5.4）。

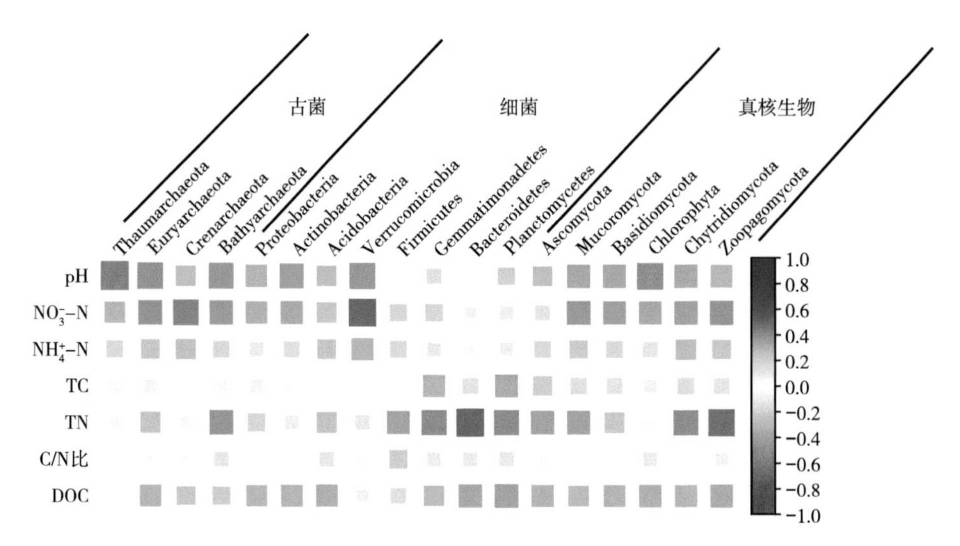

图5.4　古菌、细菌、真核生物优势菌群与土壤环境因子之间的相关性热图（门水平）

注：蓝色和红色方块分别代表正相关和负相关，方块的大小和颜色深浅均表示相关性的强弱，颜色越深，相关性越强；图中方块表示相关性显著（$P<0.05$），空白表示相关性不显著。

5.2.4　土壤氮代谢过程功能基因的变化

根据KEGG数据库注释结果，共发现36种氮代谢相关的功能基因（图5.5）。KEGG数据库中氮代谢途径包括硝化、反硝化、固氮、硝酸盐同化还原、硝酸盐异化还原为铵、厌氧氨氧化等6个通路，外加一些有机氮代谢过程，共7类功能基因。注释结果表明，所有处理中均未检测到参与厌氧氨氧化过程的功能基因。总体上参与反硝化（*narG*、*narI*、*napA*、*napB*、*norB*、*nosZ*）、硝酸盐同化还原（*NR*、*nasA*）、硝酸盐异化还原为铵（*nirA*、*nirB*、*nirD*）的基因在NH_4^+/NO_3^-比>1的处理中尤其是N5处理中丰度较高，固氮基因（*nifD*、*nifK*）在A5处理下丰度较高，硝化基因*amoA*和*amoC*在A2.5处理下具有较高的丰度，而*amoB*在A1.5处理下丰度较高，有机氮代谢基因*GLT1*和*glnA*分别在A1.5和A2.5处理下丰度较高（图5.5）。

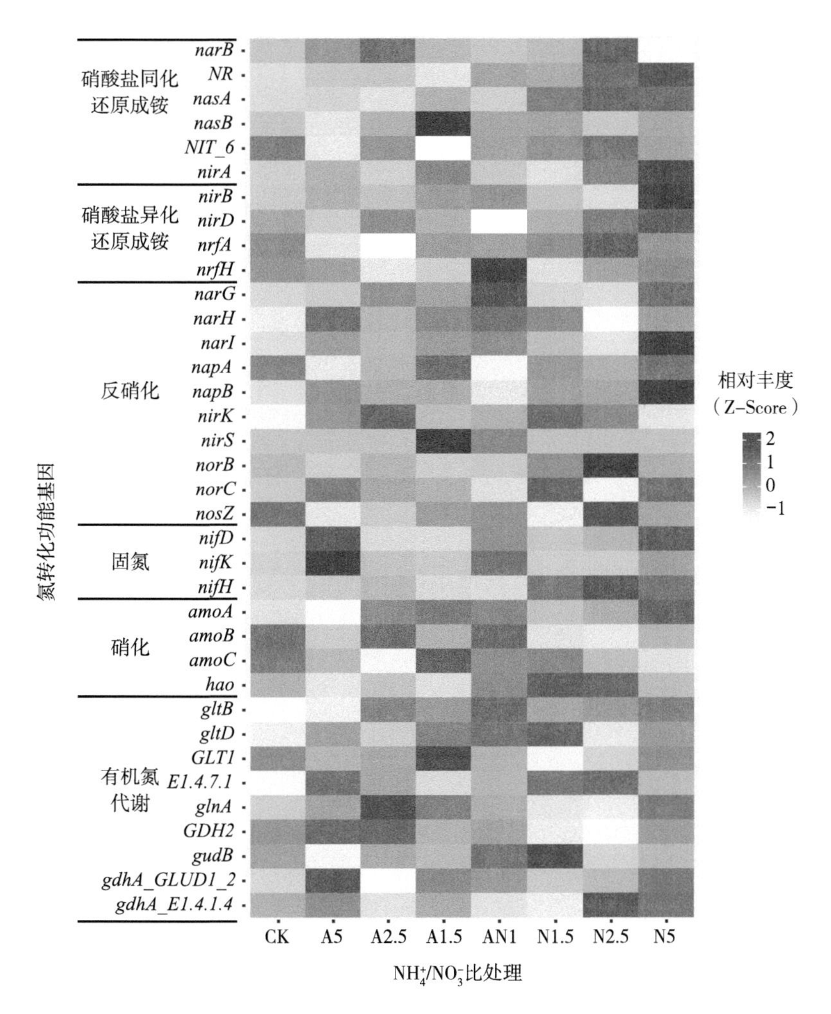

图5.5　不同NH_4^+、NO_3^-输入比率下氮代谢功能基因相对丰度热图

注：功能基因丰度用零-均值规范化（Z-Score标准化）处理后的得分表示，Z得分越高相对丰度越高，红色方块颜色深浅表示功能基因相对丰度的高低，颜色越深，丰度越高。

硝化反应由编码氨单加氧酶的*amo*（包括*amoA*、*amoB*、*amoC* 3个亚基）、编码羟胺氧化还原酶的*hao*、编码亚硝酸盐氧化还原酶的*nxrAB*等3个基因家族介导完成。随着NH_4^+、NO_3^-输入比率降低，*amo*基因丰度先增加后降低，NH_4^+/NO_3^-比> 1的处理下*hao*丰度低于NH_4^+/NO_3^-比< 1的处理；与对照相比，NH_4^+/NO_3^-比率过高（A5、A2.5）或过低（N2.5、N5）均对硝化基因有不同程度的抑制作用，当NH_4^+/NO_3^-比接近1时（A1.5、AN1、N1.5），硝化基因丰度较对照有增加趋势

（图5.6），说明NH_4^+作为硝化功能微生物的底物，NH_4^+输入过高或过低均不利于其生长。

反硝化过程步骤分为：由编码硝酸盐还原酶的*narGHI*和*napABC*基因完成NO_3^-还原为NO_2^-，由编码亚硝酸盐还原酶的*nirKS*基因将NO_2^-还原为NO，由编码一氧化氮还原酶的*norBC*将NO进一步还原为N_2O，最后由编码氧化亚氮还原酶的*nosZ*基因将N_2O还原为N_2。总体而言，NH_4^+/NO_3^-比> 1的处理对反硝化基因以抑制作用为主，而NH_4^+/NO_3^-比< 1的处理以促进作用为主；A5处理对*narG*、*napA*、*norB*、*nosZ*等反硝化基因均有抑制作用，随着NO_3^-占比的逐渐增加，抑制作用逐渐下降并逐渐表现出不同程度的促进，如*nirK*、*napA*、*narGH*、*norB*分别在A2.5、A1.5、AN1和N2.5处理下出现上调；除*nirKS*和*nosZ*外，N5处理下其他反硝化基因均上调（图5.6）。

生物固氮过程由编码固氮酶钼铁蛋白的*nifD*、*nifK*和编码铁蛋白的*nifH*基因将N_2转化为NH_3。由于编码铁蛋白的*nifH*基因具有高度的保守性和基因数据丰度的特点，因而常用于检验固氮微生物的丰度。与反硝化基因类似，NH_4^+/NO_3^-比> 1的处理对固氮基因以抑制作用为主，而NH_4^+/NO_3^-比< 1的处理以促进作用为主。*nifH*基因在A5、A2.5、A1.5和AN1处理下均表现为不同程度的下调，而在N1.5、N2.5和N5处理下均表现出上调（图5.6）。

硝酸盐同化和异化还原过程是两个不同的硝酸盐还原过程，由不同的基因家族承担。硝酸盐同化还原成铵是由编码硝酸盐还原酶的*narB*、*nasAB*和*NR*基因将NO_3^-还原为NO_2^-，进而由编码亚硝酸盐还原酶的*nirA*和NIT-6基因将NO_2^-还原为NH_4^+的过程。硝酸盐异化还原成铵是由编码硝酸盐还原酶的*narGHI*和*napDABC*基因将NO_3^-还原为NO_2^-，进而由编码亚硝酸盐还原酶的*nirBD*和*nrfAH*基因将NO_2^-还原为NH_4^+。除*narB*基因外，A5处理对其他硝酸盐同化还原基因均有抑制作用；NR基因在NH_4^+/NO_3^-比< 1的处理下均下调，而在NH_4^+/NO_3^-比>1的处理中均上调；除*narB*基因外，N5处理对其他硝酸盐同化还原基因均有促进作用（图5.6）。除*narH*基因外，A5和N5处理对其他硝酸盐异化还原基因均有抑制和促进作用（图5.6）。以上结果说明NH_4^+、NO_3^-输入比率由5/1变为1/5，会引起硝酸盐同化和异化还原基因结构发生彻底转变。

厌氧氨氧化过程是在厌氧条件下，NH_4^+以NO_2^-为电子受体直接被氧化为N_2的过程。具体地，先由编码亚硝酸盐还原酶的*nirKS*基因将NO_2^-还原为NO，被编码肼合成酶的*hzs*基因转换为羟胺并与NH_4^+反应生成肼（N_2H_4），最终被编码肼脱氢酶的*hdh*基因转化为N_2。厌氧氨氧化过程需要在厌氧环境下进行，且细胞生长缓慢。本研究未检测出厌氧氨氧化基因，说明长白山阔叶红松林长期处于水分非饱和的好氧环境。

有机氮代谢涉及的功能基因较多，与有机氮代谢直接相关的基因主要有谷氨酸合成酶*gltBD*、谷氨酰胺合成酶*glnA*、谷氨酸脱氢酶*gdhA*和*GDH2*等。A5和A2.5处理下*gdhA*和*GDH2*丰度分别达到最大，而*gltB*和*gdhA*分别出现下调；N1.5和N2.5处理下有机氮代谢基因主要表现为下调，A1.5、AN1和N5处理对有机氮代谢基因表现出轻度的促进作用（图5.6）。

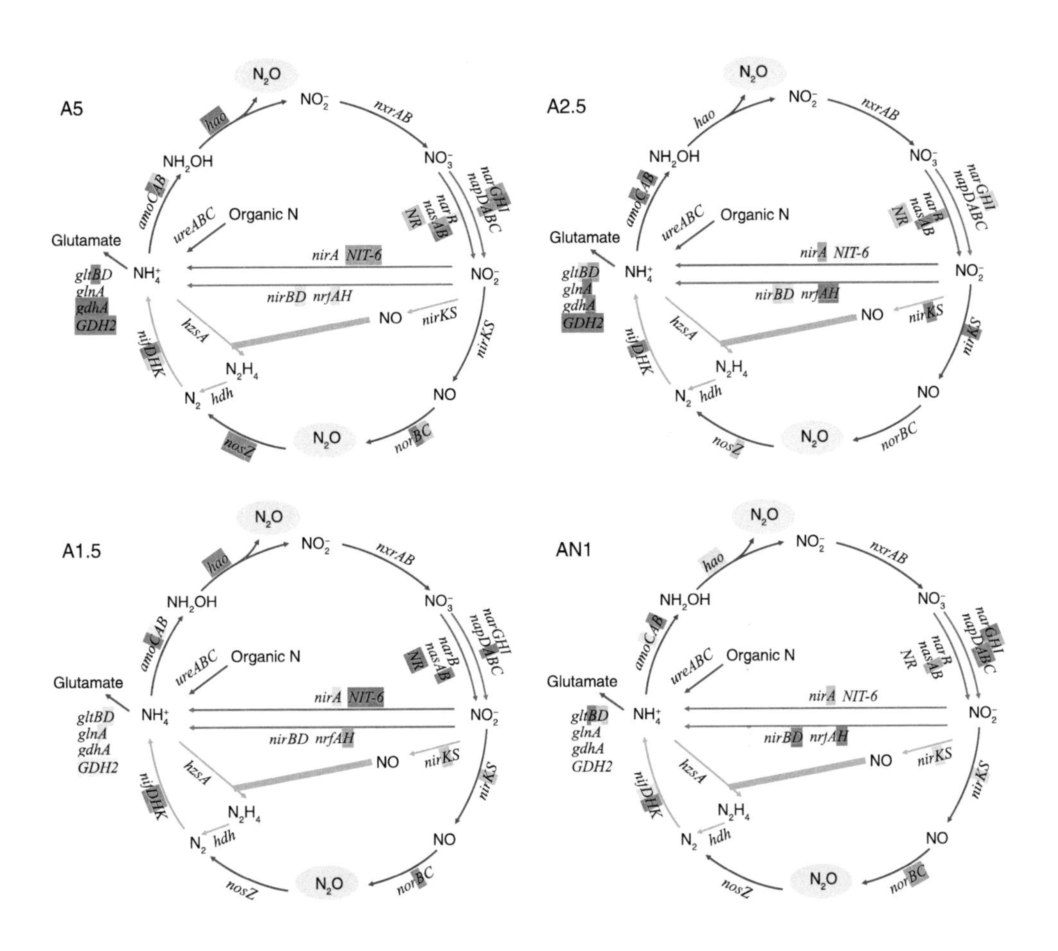

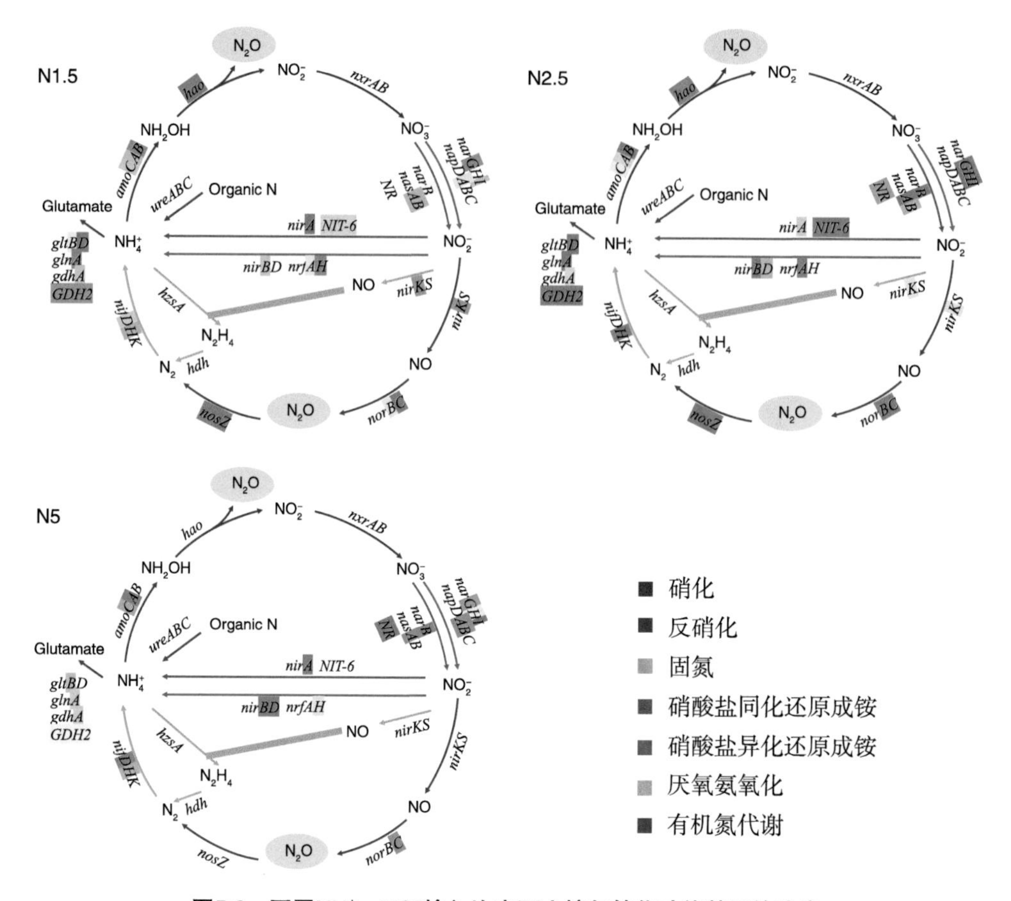

图5.6　不同NH_4^+、NO_3^-输入比率下土壤氮转化功能基因的响应

注：A5、A2.5、A1.5、AN1、N1.5、N2.5、N5分别表示NH_4^+/NO_3^-比5：1、2.5：1、1.5：1、1：1、1：1.5、1：2.5、1：5。用“（处理-对照）/对照”的结果表示功能基因的变化幅度，红色标出的基因表示该处理下该基因丰度与对照相比下调（降低），蓝色表示与对照相比上调（增加），颜色越深，表示上调/下调的幅度越大，无底色表示未发生显著变化。

5.3　讨论

5.3.1　土壤微生物群落结构对增氮形态的响应

本研究发现随着NH_4^+、NO_3^-输入比率变化，土壤微生物群落结构也随之发生改变。土壤古菌群落中奇古菌门Thaumarchaeota占绝对优势（相对丰度>65%），其次为广古菌门Euryarchaeota（相对丰度21.37%），但也有研究发现土壤古菌群落主要由泉古菌门Crenarchaeota（平均相对丰度92%）和广古菌门Euryarchaeota（平均相对丰度4.3%）组成（Jonathan et al.，2015）。古菌是土壤氮循环的主要驱动者之一，对氮添加处理十分敏感（Jonathan et al.，2015）。本研究发现奇古菌门Thaumarchaeota相对丰度在NH_4^+-N输入为主时随着NH_4^+/NO_3^-比降低而升高，而其他主要门类的响应与之相反，说明奇古菌门Thaumarchaeota与其他古菌门类之间对不同氮形态的需求存在明显分化。以往研究发现，N添加倾向于提高古菌相对丰度，但降低其多样性，可能与氮富集引起部分古菌类群（如泉古菌门Crenarchaeota）的大量增殖有关（Jonathan et al.，2015），但本研究没有观测到氮添加对古菌多样性的显著影响。泉古菌门Crenarchaeota主要是由氨氧化古菌Nitrososphaeraceae组成的门类，随着NH_4^+/NO_3^-比降低而降低（图5.2A），一些研究发现泉古菌门Crenarchaeota丰度与土壤N含量正相关（Bates et al.，2011），施氮能够提高其相对丰度（Jonathan et al.，2015）。施氮倾向于降低广古菌门Euryarchaeota的相对丰度，且在NH_4^+/NO_3^-比>1的处理中，广古菌门Euryarchaeota相对丰度随着NH_4^+/NO_3^-比降低而降低（图5.2A），这与以往研究一致（Jonathan et al.，2015）。广古菌门Euryarchaeota是主要的产甲烷菌门类，同时具备固定大气N_2的能力（Leigh，2000；Offre et al.，2013），这一特性使其在土壤氮素竞争利用中常处于不利地位，随着外源性氮输入增加，其相对丰度显著降低（Jonathan et al.，2015）。

土壤中细菌包括100多个门，但最丰富的门类通常为变形菌门Proteobacteria、放线菌门Actinobacteria、酸杆菌门Acidobacteria、绿弯菌门Chloroflexi和浮霉菌门Planctomycetes等门类（Sabir et al.，2021）。本研究发现变形菌门Proteobacteria占绝对优势（53.48%），其次为放线菌门Actinobacteria（18.32%）、酸杆菌门Acidobacteria（10.99%）等。AN1处理下变形菌门Proteobacteria和酸杆菌门Acidobacteria相对丰度最低（52.37%），氮添加倾向于降低迷踪菌门Elusimicrobia丰度（图5.2B）。氮添加对细菌多样性无显著影响（表5.3），这在一些研究中已有报道（Jonathan et al.，2015），但也有研究发现细菌多样性和氮添加量之间呈负相关（Campbell et al.，2010；Koyama et al.，2014；Ma et al.，2021）或正相关关系（Wang et al.，2016）。上述研究结果的差异可归因于施氮持续时间、剂量以及环境异质性。许多研究一致指出氮添加会改变细菌类群的生活史策略，即氮添加剂量的提高倾向于增加共营养细菌类群（即快速生长、低C利用效率的类群，如放线菌门Actinobacteria、拟杆菌门Bacteroidetes、厚壁菌门Firmicutes和变形菌门Proteobacteria）的丰度，而减少寡营养类群（即缓慢生长、高C利用效率的类群，如绿弯菌门Chloreflexi、疣微杆菌门Verrucomicrobia和酸杆菌门Acidobacteria）的丰度，最终导致细菌群落结构发生转变（Ramirez et al.，2010；Fierer et al.，2012；Ma et al.，2021）。这种转变在第4章硝态氮添加研究中亦有类似结果，但本章研究中未发现类似规律。一方面本章采用 $80\ kg \cdot hm^{-2} \cdot a^{-1}$ 的氮添加剂量可能较低，未引起细菌类群生活史策略的变化；另一方面铵态氮、硝态氮、尿素等多种氮素类型的组合添加可能实现资源互补，而未引起群落组成的剧烈变化。

土壤中主要的真菌门类有子囊菌门Ascomycota、担子菌门Basidiomycota、接合菌门Zygomycota、罗兹菌门Rozellomycota和壶菌门Chytridiomycota（Yang et al.，2019）。本研究中子囊菌门Ascomycota相对丰度最高（65.86%），其次为毛霉门Mucoromycota（19.08%）和担子菌门Basidiomycota（7.82%）等。氮添加可增加（Zeng et al.，2016；Yang et al.，2019）、降低（Janssens et al.，2010）或不改变（Lauber et al.，2009）土壤真菌群落的多样性，本章研究结果显示氮添加对真菌多样性无显著影响。一些宏基因组测序研究报道，氮添加对真菌群落组成影响显著，随着氮素添加剂量的增加，子囊菌门Ascomycota丰度增加而球囊菌门Glomeromycota相对丰度显著降低（Jonathan et al.，2015）。本研究发现当 NH_4^+/NO_3^- 比 > 1时，子囊菌门Ascomycota相对丰度随 NH_4^+/NO_3^- 比降低而增加，而担子菌门Basidiomycota和捕虫霉门Zoopagomycota对 NH_4^+/NO_3^- 比的响应与子囊菌门*Ascomycota*相反（图5.2C），说明子囊菌门Ascomycota与担子菌门Basidiomycota和捕虫霉门Zoopagomycota在不同形态氮需求上存在差异，这与古菌群落相似。

5.3.2 土壤 N_2O 对 NH_4^+/NO_3^- 比响应的微生物驱动机理

土壤 N_2O 作为氮转化过程的产物或副产物，是由土壤氮转化功能微生物介导的结果。氮转化功能微生物一直是研究的热点和前沿领域，过去常用荧光定量PCR结合高通量测序的方法对氮转化功能基因和微生物功能群进行了广泛的研究（Levy-Booth et al.，2014；Hu et al.，2015）。由于许多功能基因缺乏特异性引物，因此测定这些基因的丰度和物种类群存在一定的困难，而宏基因组测序技术可有效克服这一缺陷，可以系统研究土壤微生物群落的全基因组成和物种分类特征（Tu et al.，2017）。测序深度的增加有利于更为全面地检测到可能存在的功能基因或基因群，例如固氮基因、木质素降解基因以及氨氧化基因等在（4～5）$\times 10^7$ reads测序深度比在75 000 reads测序深度具有更高的丰度（Li et al.，2021）。本研究平均测序深度为1.92×10^7 reads，能够完整地反映土壤氮转化过程相关的功能基因。

硝化作为土壤N_2O产生的主要来源之一，主要受限于硝化功能微生物丰度和活性。一般情况下土壤中NH_3浓度越高，越有利于氨氧化微生物（*amo*）的生长。本章研究发现，*amo*基因丰度在A2.5、A1.5和AN1处理下受到不同程度的促进，而在A5、N2.5和N5处理下被抑制；*hao*基因在AN1、N1.5、N2.5处理下被促进，而在A5处理下被抑制（图5.6），说明过低或过高的NH_4^+输入均不利于氨氧化微生物的生长。NH_4^+输入过低可能造成氨氧化微生物底物供应不足。相反，NH_4^+输入过高，一方面在酸性土壤中NH_3极易转化为NH_4^+，而NH_4^+转化为NH_3较为困难，因此铵态氮的直接添加不一定能促进硝化微生物丰度的增加（Levy-Booth et al.，2014）；另一方面过量的NH_4^+-N导致土壤溶液渗透势增加，对氨氧化微生物产生胁迫（Webster et al.，2005；Tourna et al.，2010；Zhang et al.，2021）。因此，在NH_4^+/NO_3^-比适中时最有利于*amo*基因表达，因而具有较高的N_2O排放量（图5.1）。

A5处理下反硝化基因也受到抑制，随着NO_3^-占比逐渐增加，抑制效应逐渐下降并逐渐表现出不同程度的促进。除*nirKS*和*nosZ*外，N5处理下其他反硝化基因均上调（图5.6）。N1.5处理下土壤N_2O排放量较高的原因可能是*nir*、*nor*基因上调，同时N_2O还原基因*nosZ*下调；N5处理下N_2O排放量较高可能原因是*narGI*、*napAB*和*norC*基因上调，而N2.5处理下N_2O排放量低可能是*narGHI*下调而*nosZ*基因上调所致。过去有研究发现氮素添加增加*nirK*和*nirS*基因丰度，提高土壤N_2O产生速率（Zhong et al.，2017），或者降低*nirK*、*nirS*或*nosZ*丰度（Tang et al.，2016）。根据本章研究的结果，推测以上结果的差异可能与氮添加的形态及其组成有关。就反硝化微生物而言，底物供应量（NO_3^-含量）仅仅是反硝化过程的近端驱动因素，土壤pH、有机碳含量、O_2、水分、土壤质地、温度等环境因素也对反硝化过程具有重要的调控作用（Wallenstein et al.，2006；Faulwetter et al.，2009）。NO_3^-供应充足有助于提高反硝化速率，但过量氮输入引起的土壤酸化也可能影响反硝化功能微生物种群丰度，降低反硝化基因表达水平（Šimek and Cooper，2002），这两方面作用同时发生易于产生相互矛盾的结果，导致基因丰度-反硝化速率之间的关系不再成立（Li et al.，2021）。本章研究采用室内培养试验，环境条件差异基本可以忽略，研究结果暗示对于不同的微生物功能群土壤NH_4^+或NO_3^-的供应量存在特定的最适水平。

除硝化和反硝化过程外，DNRA过程也是N_2O的可能来源（Hu et al.，2015）。NH_4^+/NO_3^-比＞1的处理对DNRA基因以抑制为主，而NH_4^+/NO_3^-比＜1的处理主要表现为抑制，尤其是在N5处理下*narGI*、*napAB*、*nirBD*和*nrfH*均受到促进，因此N5处理下土壤N_2O高排放量可能与DNRA过程有关。此外，厌氧氨氧化过程也可产生N_2O，但本章研究未检测出厌氧氨氧化基因，与本研究设置的好氧培养条件有关。

5.4　本章小结

本章通过开展7个梯度NH_4^+/NO_3^-比率的氮添加培养试验，运用宏基因组测序技术，探讨了NH_4^+、NO_3^-输入比率变化对土壤N_2O排放的影响及其微生物驱动机制。主要结论如下：①NH_4^+、NO_3^-输入比率变化改变了古菌、细菌、真核生物群落组成、结构及功能。古菌中奇古菌门Thaumarchaeota对NH_4^+/NO_3^-比变化的响应与其他主要门类相反，真核生物中子囊菌门Ascomycota与担子菌门Basidiomycota、捕虫菌门Zoopagomycota对NH_4^+/NO_3^-比变化的响应相反。氨氧化古菌Crenarchaeota和甲烷氧化菌Euryarchaeota相对丰度随着NH_4^+/NO_3^-比降低而降低；不同NH_4^+/NO_3^-比率的氮添加对古菌、细菌、真核生物多样性无显著影响。②土壤N_2O排放量随着NH_4^+、NO_3^-输入比率的变化波动变化。NH_4^+/NO_3^-比为1：2.5的处理下N_2O排放量低于对照，可能是*nosZ*基因受到促进所致；其他增氮处理下土壤N_2O排放量均高于对照，其中NH_4^+/NO_3^-比为1：1的处理N_2O排放量增加与硝化功能基因*amo*和*hao*基因丰度的增加有关；由于*nirK*、*norB*等基因丰度提高，NH_4^+/NO_3^-比降低到1：1.5时土壤N_2O排放量依然保持较高水平。③除硝化、反硝化过程外，NH_4^+/NO_3^-比为1：5的处理下DNRA基因*narGI*、*napAB*、*nirBD*和*nrfH*均受到促进，因而DNRA过程可能对N_2O排放有一定贡献。过去30年间，由于化石燃料燃烧引起的NO_x排放快速增加，全国以及东北地区氮沉降NH_4^+/NO_3^-比呈现逐渐下降的过程，目前已接近1：1，未来随着节能减排政策的进一步实施和农业氨排放逐步被控制，大气氮沉降NH_4^+/NO_3^-比可能继续降低（Yu et al.，2018）。本研究对NH_4^+、NO_3^-输入比率下降对土壤N_2O排放的可能影响及微生物学机制进行了初步探讨，对未来生态系统N_2O排放的响应还需更多更深入的研究加以证实。此外，本章运用宏基因组测序技术对氮转化功能基因丰度和微生物群落组成进行了研究，但DNA水平的测序不能准确反映土壤中真正发挥作用的微生物功能群，未来可运用RNA水平的转录组学、代谢组学技术开展研究，以明确对N_2O产生真正具有活性的微生物种群。

第6章

结论与展望

6.1 主要结论

本研究以长白山阔叶红松林为研究对象，结合野外控制试验和室内培养试验，运用^{15}N稳定同位素示踪和分子生物学技术，研究了多水平、多形态氮素添加及不同NH_4^+、NO_3^-输入比率对土壤N_2O排放、微生物群落组成、关键土壤生物化学属性的影响，并探索了其背后的微生物学驱动机制。本研究阐明了土壤N_2O排放对长期多水平尿素添加的响应特征，N_2O的季节动态和年际变化规律及其环境驱动机制；量化了土壤氮初级转化速率、土壤N_2O排放对不同剂量尿素添加的响应特征及其主控因素；区分了土壤N_2O排放对铵态氮、硝态氮和尿素添加剂量的响应模式，界定了临界响应剂量和/或饱和剂量，深入探讨了功能基因丰度和微生物群落结构对土壤N_2O排放的调控作用；初步探讨了NH_4^+、NO_3^-输入比率变化对土壤N_2O排放以及介导氮循环的微生物群落结构的影响，分析了NH_4^+、NO_3^-输入比率变化情景下土壤N_2O排放的微生物介导机制。主要结论如下。

自然条件下长白山阔叶红松林生长季（5—10月）土壤N_2O平均累积排放量为（0.55 ± 0.11）kg · hm^{-2}。土壤环境因子、有效氮含量和N_2O通量均呈现显著的季节和年际变异。土壤N_2O随尿素施加剂量的增加而增加，施氮初期土壤N_2O排放快速响应，随着施氮时间的延长，排放量增速趋缓。连续7 a施氮引起矿质层土壤硝态氮累积，而铵态氮和pH无显著变化，表明长白山阔叶红松林土壤具备较高的缓冲容量。N_2O夏季排放量高于春秋季。不同时间尺度上，土壤N_2O排放主要驱动因子存在差异，季节变化主要受土壤水分驱动，而年际变异主要受土壤底物（氮含量）所驱动。

连续4年尿素添加提高了活性氮矿化和自养硝化速率，降低了氮初级固持速率，自养硝化过程是土壤N_2O的主要产生过程。自养硝化过程主要受耐酸的AOA基因驱动，而异养硝化主要受降解复杂有机化合物能力强的真菌驱动。高剂量施氮导致土壤NO_3^--N显著累积，增加了土壤N_2O的排放，土壤NO_3^-淋失和气态氮损失风险加剧，土壤氮循环更加开放，趋于解耦。

不考虑氮素形态的情况下，氮输入剂量每增加1 kg·hm^{-2}·a^{-1}，土壤N_2O排放速率和累积排放量分别增加1‰和2‰。然而考虑氮素形态时，土壤N_2O排放对铵态氮、硝态氮和尿素剂量的响应模式不同，分别符合饱和型、“S”型、指数增加型。N_2O对铵态氮、硝态氮和尿素的临界响应剂量分别为60 kg·hm^{-2}·a^{-1}、80 kg·hm^{-2}·a^{-1}和280 kg·hm^{-2}·a^{-1}，对铵态氮和硝态氮的饱和剂量分别为140 kg·hm^{-2}·a^{-1}和560 kg·hm^{-2}·a^{-1}，尿素添加下未出现饱和趋势。无植被异位培养条件下，AOB基因对还原态氮添加响应敏感，主导着土壤N_2O产生，而对以上三种形态的氮添加而言，土壤微生物群落结构对土壤N_2O排放均有重要贡献。

NH_4^+、NO_3^-输入比率变化改变了古菌、细菌、真核生物群落组成、结构及功能，但对各类群微生物多样性无显著影响。随着NH_4^+、NO_3^-输入比率降低，N_2O排放量发生波动变化。NH_4^+/NO_3^-比为1：2.5的处理下土壤N_2O排放量最低，低于对照，可能是*nosZ*基因受到促进所致；NH_4^+/NO_3^-比为1：1的处理土壤N_2O排放量增加，可能与硝化功能基因*amo*和*hao*基因丰度的增加有关；NH_4^+/NO_3^-比降低到1：1.5时土壤N_2O排放量依然保持较高水平，原因在于*nirK*、*norB*等基因丰度提高；NH_4^+/NO_3^-比为1：5的处理下DNRA过程可能对土壤N_2O排放有一定的贡献。

6.2 研究的创新点

首先，本研究围绕“温带针阔混交林土壤N_2O排放对增氮剂量和形态的差异性响应及其机制”这一科学命题，以长白山阔叶红松林为研究对象，基于长达7年的野外土壤N_2O排放通量以及相关环境因子的监测数据，系统探讨了土壤N_2O排放对多水平氮添加的非线性响应特征与临界阈值的时间演变，有助于解决土壤N_2O排放驱动因子难以确定的问题，完善森林土壤N_2O排放对外源性氮输入的长期响应规律。

其次，高频率的土壤N_2O通量与土壤有效氮浓度同步观测数据能够构建通量-底物之间的响应方程；联合土壤酶学、qPCR、高通量测序、宏基因组学等技术，同步测定土壤N_2O产生速率、微生物活性、功能基因丰度、微生物群落组成，有助于量化土壤N_2O排放与功能微生物群落之间的耦联关系，为融合底物有效性、微生物活性到陆地生态系统氮循环过程模型中提供理论支撑；

最后，基于多水平、多形态氮添加控制试验，排除气候、植物吸收等环境因子的干扰，真正鉴别N_2O排放对氮形态、剂量以及NH_4^+、NO_3^-输入比率变化的响应，构建N_2O排放对增氮剂量的敏感性指数，为预测氮素富集情景下土壤N饱和进程提供量化参数，识别N_2O产生速率对增氮产生显著性响应的临界剂量和由促进到抑制的剂量转折点。

6.3 不足与展望

总体上，本研究基本完成了预期目标，回答了重点关注的科学问题，但仍然存在一些不足，在今后的研究中应注意改进和补充完善。

第一，土壤氮转化过程十分复杂，新的氮代谢路径不断被发现，土壤N_2O的来源也逐渐被揭开。过去研究重点关注硝化、反硝化过程对土壤N_2O排放的贡献，近年来研究证实特定条件下厌氧氨氧化、DNRA、硝化细菌反硝化、真菌反硝化等过程也是土壤N_2O的重要来源。本研究涉及的野外原位控制试验和多水平、多形态及其配比的氮添加培养试验，尚未考虑新发现的N_2O生成过程及其功能微生物，可能会影响土壤N_2O排放来源的评估。

第二，本研究采用^{15}N成对标记的好氧培养试验，没有包括反硝化过程等厌氧N_2O产生过程，也没有测定气体N_2O的^{15}N丰度，只能探讨自养/异养硝化和微生物固持等氮转化速率与N_2O产生的关系。尽管长白山温带阔叶红松林土壤长期处于水分非饱和的好氧状态，氮转化过程以硝化反应为主，但已有研究证实反硝化过程在好氧条件下亦可发生，因此未考虑反硝化过程可能会高估硝化作用对土壤N_2O产生的贡献。同时，由于未测定气体$^{15}N_2O$丰度，对N_2O来源的区分只能通过数据间的相关关系进行定性分析。

第三，室内培养试验在恒温、恒湿条件下进行，没有考虑植物的参与，这与野外多变的气象条件和复杂的环境相距甚远，尤其是植物对土壤氮素的吸收利用和根系分泌等环节会对土壤氮转化产生十分重要的影响。其次，土壤微生物对环境条件变化十分敏感，由于采样时间的不同，可能导致室内、野外试验得出的结论并不完全一致，如响应速度不一致，主控因素不对应等。因此，将室内培养试验的结果外推至野外自然条件下时须慎重考虑。

针对以上不足，未来研究重点可从以下几个方面进行改进和拓展。

关于土壤N_2O的来源，未来研究要更加关注厌氧氨氧化、DNRA、硝化细菌反硝化、真菌反硝化等过程对N_2O产生的贡献，采用包含反硝化、气体氮排放等过程的^{15}N标记与示踪模型进行研究，有助于全面理解氮富集条件下温带森林土壤N_2O的产生与排放过程及其驱动机制。

核心技术方面，未来研究可采用稳定性同位素和分子生物学相结合的方法如稳定同位素核酸探针（DNA/RNA SIP）技术，从分子水平上对N_2O产生的路径进行深入的分析。本研究是基于DNA水平，未来可运用基于RNA水平的转录组学、代谢组学技术开展研究，清晰鉴定真正对N_2O产生具有贡献的活性微生物类群。

野外原位控制试验和室内微宇宙培养试验所要解决的科学问题不同，两者相辅相成。原位控制试验受地形/土壤空间异质性、年际间的气候要素波动等因素干扰，短期和长期的试验结果往往差异很大，主控因素与驱动机制通常难以揭示。而室内微域培养试验条件可控，易于揭示氮素富集条件下土壤氮转化过程与微生物介导机制，但因没有考虑植被和土壤环境变化，所的结论与实际情况有一定的偏差。因此，将室内培养试验的结果外推野外自然状态下时，需考虑尺度拓展带来的偏差。

本研究关于微生物动态的结论只是一次研究所得出结果，尚未形成普适性的研究结论，拓展到别的研究区尚需进一步验证。例如，本研究揭示了土壤微生物群落结构与功能基因丰度在N_2O响应机制中发挥同等的调控作用，但是该结论只是在好氧条件下得出的，不能一叶障目不见泰山，外推到温带针阔混交林自然状态下尚需进一步验证。其次，本研究对NH_4^+、NO_3^-输入比率下降如何影响土壤N_2O排放及其微生物学机制进行了初步探讨，对森林土壤N_2O排放响应的预测还有许多工作要做，包括过程试验和模型模拟。

参考文献

白春华，红梅，韩国栋，等，2012. 土壤三种酶活性对温度升高和氮肥添加的响应[J]. 内蒙古大学学报（自然科学版），43（5）：509–513.

陈仕东，马红亮，高人，等，2013. 高氮和NO_2^-对中亚热带森林土壤N_2O和NO产生的影响[J]. 土壤学报，50（1）：120–129.

代海涛，2021. 南极苔原氮转化关键过程及其微生物驱动机制[D]. 合肥：中国科学技术大学.

贺纪正，张丽梅，2013. 土壤氮素转化的关键微生物过程及机制[J]. 微生物学通报，40（1）：98–108.

林江辉，李辉信，胡锋，等，2004. 干土效应对土壤生物组成及矿化与硝化作用的影响[J]. 土壤学报，41（6）：924–930.

宋建国，刘伟，赵紫娟，等，2001. 土壤干燥过程对土壤易矿化有机态氮的影响[J]. 植物营养与肥料学报，7（2）：183–188.

万忠梅，宋长春，2009. 土壤酶活性对生态环境的响应研究进展[J]. 土壤通报，40（4）：951–956.

薛璟花，莫江明，李炯，等，2005. 氮沉降增加对土壤微生物的影响[J]. 生态环境，14（5）：777–782.

于济通，陶佳慧，马小凡，等，2015. 冻融作用下模拟氮沉降对土壤酶活性与土壤无机氮含量的影响[J]. 农业环境科学学报，34（3）：518–523.

ABBASI M K，ADAMS W A，2000. Gaseous N emission during simultaneous nitrification–denitrification associated with mineral N fertilization to a grassland soil under field conditions [J]. Soil Biology and Biochemistry, 32（8）: 1251–1259.

ABED R M M, LAM P, DE BEER D, et al., 2013. High rates of denitrification and nitrous oxide emission in arid biological soil crusts from the Sultanate of Oman [J]. The ISME Journal, 7（9）: 1862–1875.

ABER J, MCDOWELL W, NADELHOFFER K, et al., 1998. Nitrogen saturation in temperate forest ecosystems: hypotheses revisited [J]. Bioscience, 48（11）: 921–934.

ABER J D, NADELHOFFER K J, STEUDLER P, et al., 1989. Nitrogen saturation in northern forest ecosystems [J]. Bioscience, 39（6）: 378–386.

ADAIR K L, SCHWARTZ E, 2008. Evidence that ammonia-oxidizing archaea are more abundant than ammonia-oxidizing bacteria in semiarid soils of northern Arizona, USA [J]. Microbial Ecology, 56（3）: 420–426.

AGEGNEHU G, NELSON P N, BIRD M I, 2016. Crop yield, plant nutrient uptake and soil physicochemical properties under organic soil amendments and nitrogen fertilization on Nitisols [J]. Soil & Tillage Research, 160: 1–13.

AI C, ZHANG S, ZHANG X, et al., 2018. Distinct responses of soil bacterial and fungal communities to changes in fertilization regime and crop rotation [J]. Geoderma, 319: 156–166.

ALLISON S D, HANSON C A, TRESEDER K K, 2007. Nitrogen fertilization reduces diversity and alters community structure of active fungi in boreal ecosystems [J]. Soil Biology and Biochemistry, 39（8）: 1878–1887.

ANDERSON I C, POTH M, HOMSTEAD J, et al., 1993. A comparison of NO and N_2O production by the autotrophic nitrifier *Nitrosomonas europaea* and the heterotrophic nitrifier *Alcaligenes faecalis* [J]. Applied and Environmental Microbiology, 59（11）: 3525–3533.

ANGENENT L T, KELLEY S T, AMAND A S, et al., 2005. Molecular identification of potential pathogens in water and air of a hospital therapy pool [J]. Proceedings of the National Academy of Sciences of the United States of America, 102（13）: 4860.

ARAH J R M, 1997. Apportioning nitrous oxide fluxes between nitrification and denitrification using gas-phase mass spectrometry [J]. Soil Biology and Biochemistry, 29（8）: 1295–1299.

ARNOLD J, CORRE M D, VELDKAMP E, 2008. Cold storage and laboratory incubation of intact soil cores do not reflect in-situ nitrogen cycling rates of tropical forest soils [J]. Soil Biology and Biochemistry, 40: 2480–2483.

ARUNACHALAM A, MAITHANI K, PANDEY H N, et al., 1998. Leaf litter decomposition and nutrient mineralization patterns in regrowing stands of a humid subtropical forest after tree cutting [J]. Forest Ecology and Management, 109（1–3）: 151–161.

AVERILL C, WARING B, 2018. Nitrogen limitation of decomposition and decay: How can it occur? [J]. Global Change Biology, 24（4）: 1417–1427.

AZAM F, MüLLER C, WEISKE A, et al., 2002. Nitrification and denitrification as sources of atmospheric nitrous oxide - role of oxidizable carbon and applied nitrogen [J]. Biology and Fertility of Soils, 35（1）: 54–61.

AZAM F, MULVANEY R L, SIMMONS F W, 1995. Effects of ammonium and nitrate on mineralization of nitrogen from leguminous residues [J]. Biology and Fertility of Soils, 20（1）: 49–52.

AZAM F, SIMMONS F W, MULVANEY R L, 1993. Immobilization of ammonium and nitrate and their interaction with native N in three Illinois Mollisols [J]. Biology and Fertility of Soils, 15（1）: 50–54.

BAGGS E M, 2011. Soil microbial sources of nitrous oxide: recent advances in knowledge, emerging challenges and future direction [J]. Current Opinion in Environmental Sustainability, 3（5）: 321–327.

BAI E, LI W, LI S, et al., 2014. Pulse increase of soil N_2O emission in response to N addition in a temperate forest on Mt Changbai, Northeast China [J]. Plos One, 9（7）: e102765.

BALDOS A P, CORRE M D, VELDKAMP E, 2015. Response of N cycling to nutrient inputs in forest soils across a 1000–3000 m elevation gradient in the Ecuadorian Andes [J]. Ecology, 96（3）: 749–761.

BANERJEE S, HELGASON B, WANG L, et al., 2016. Legacy effects of soil moisture on microbial community structure and N_2O emissions [J]. Soil Biology and Biochemistry，95：40–50.

BARNARD R，LEADLEY P W，HUNGATE B A，2005. Global change，nitrification，and denitrification：a review [J]. Global Biogeochemical Cycles，19（1）：1–13.

BARRACLOUGH D，PURI G，1995. The use of ^{15}N pool dilution and enrichment to separate the heterotrophic and autotrophic pathways of nitrification [J]. Soil Biology and Biochemistry，27（1）：17–22.

BáRTA J，MELICHOVá T，VANĚK D，et al.，2010. Effect of pH and dissolved organic matter on the abundance of *nirK* and *nirS* denitrifiers in spruce forest soil [J]. Biogeochemistry，101（1）：123–132.

BARTLETT R，JAMES B，1980. Studying dried，stored soil samples-some pitfalls [J]. Soil Science Society of America Journal，44（4）：721–724.

BARTON L，GLEESON D B，MACCARONE L D，et al.，2013. Is liming soil a strategy for mitigating nitrous oxide emissions from semi-arid soils? [J]. Soil Biology and Biochemistry，62：28–35.

BATEMAN E J，BAGGS E M，2005. Contributions of nitrification and denitrification to N_2O emissions from soils at different water-filled pore space [J]. Biology and Fertility of Soils，41（6）：379–388.

BATES S T，BERG-LYONS D，CAPORASO J G，et al.，2011. Examining the global distribution of dominant archaeal populations in soil [J]. The ISME Journal，5（5）：908–917.

BEAUMONT H J E，LENS S I，REIJNDERS W N M，et al.，2004. Expression of nitrite reductase in *Nitrosomonas europaea* involves NsrR，a novel nitrite-sensitive transcription repressor [J]. Molecular Microbiology，54（1）：148–158.

BELENEVA I A，ZHUKOVA N V，2009. Seasonal dynamics of cell numbers and biodiversity of marine heterotrophic bacteria inhabiting invertebrates and water ecosystems of the Peter the Great Bay，Sea of Japan [J]. Microbiology，78（3）：369–375.

BENDER M，CONRAD R，1992. Kinetics of CH_4 oxidation in oxic soils exposed to ambient air or high CH_4 mixing ratios [J]. FEMS Microbiology Ecology，101（4）：261–270.

BENDER S F，PLANTENGA F，NEFTEL A，et al.，2014. Symbiotic relationships between soil fungi and plants reduce N_2O emissions from soil [J]. The ISME Journal，8（6）：1336–1345.

BENGTSSON G，BERGWALL C，2000. Fate of ^{15}N labelled nitrate and ammonium in a fertilized forest soil [J]. Soil Biology and Biochemistry，32（4）：545–557.

BERGAUST L，MAO Y，BAKKEN L R，et al.，2010. Denitrification response patterns during the transition to anoxic respiration and posttranscriptional effects of suboptimal pH on nitrogen oxide reductase in paracoccus denitrificans [J]. Applied and Environmental Microbiology，76（19）：6387.

BLACKMER A M，BREMNER J M，1978. Inhibitory effect of nitrate on reduction of N_2O to N_2 by soil microorganisms [J]. Soil Biology and Biochemistry，10（3）：187–191.

BOBBINK R A，Ashmore M，BRAUN S，et al.，2003. Empirical Nitrogen Critical Loads for Natural and Semi-natural Ecosystems：2002 Updates [M]//ACHERMANN B，BOBBINK R. Empirical Critical Load of Nitrogen. Bern：Swiss Agency for Environment Forests and Landscape：43–169.

BOBBINK R，HETTELINGH J P，2010. Review and revision of empirical critical loads and dose-response relationships：proceedings of an expert workshop [C]. Bilthoven：Coordination Centre for Effects，National Institute for Public Health and the Environment.

BOLLAG J M，TUNG G，1972. Nitrous oxide release by soil fungi [J]. Soil Biology and Biochemistry，4（3）：271–276.

BOLLMANN A，BäR-GILISSEN M J，LAANBROEK H J，2002. Growth at low ammonium concentrations and starvation response as potential factors involved in niche differentiation among ammonia-oxidizing bacteria [J]. Applied and Environmental Microbiology，68（10）：4751–4757.

BOOTH M S，STARK J M，RASTETTER E，2005. Controls on nitrogen cycling in terrestrial ecosystems：A synthetic analysis of literature data [J]. Ecological

Monographs，75（2）：139-157.

BORKEN W，MATZNER E，2009. Reappraisal of drying and wetting effects on C and N mineralization and fluxes in soils [J]. Global Change Biology，15（4）：808-824.

BOSSIO D A，SCOW K M，1998. Impacts of carbon and flooding on soil microbial communities：phospholipid fatty acid profiles and substrate utilization patterns [J]. Microbial Ecology，35（3）：265-278.

BOUWMAN A F，1996. Direct emission of nitrous oxide from agricultural soils [J]. Nutrient Cycling in Agroecosystems，46（1）：53-70.

BOUWMAN A F，1998. Nitrogen oxides and tropical agriculture [J]. Nature，392（6679）：866-867.

BOUWMAN A F，1990. Exchange of Greenhouse Gases Between Terrestial Ecosystems and the Atmosphere Soils and the Greenhouse Effect [M]//BOUWMAN A F. Soils and the Greenhouse Effect. New York：John Wiley and Sons：61-127.

BOUWMAN A F，VAN DER HOEK K W，OLIVIER J G J，1995. Uncertainties in the global source distribution of nitrous oxide [J]. Journal of Geophysical Research：Atmospheres，100（D2）：2785-2800.

BREITENBECK G A，BLACKMER A M，BREMNER J M，1980. Effects of different nitrogen fertilizers on emission of nitrous oxide from soil [J]. Geophysical Research Letters，7（1）：85-88.

BREITENBECK G A，BREMNER J M，1986. Effects of rate and depth of fertilizer application on emission of nitrous oxide from soil fertilized with anhydrous ammonia [J]. Biology and Fertility of Soils，2（4）：201-204.

BREMNER J M，BLACKMER A M，1978. Nitrous oxide：emission from soils during nitrification of fertilizer nitrogen [J]. Science，199（4326）：295.

BRENNER R，BOONE R D，RUESS R W，2005. Nitrogen additions to pristine，high-latitude，forest ecosystems：consequences for soil nitrogen transformations and retention in mid and late succession [J]. Biogeochemistry，72（2）：257-282.

BROCHIER-ARMANET C，BOUSSAU B，GRIBALDO S，et al.，2008. Mesophilic crenarchaeota：proposal for a third archaeal phylum，the

Thaumarchaeota [J]. Nature Reviews Microbiology，6（3）：245–252.

BRU D，RAMETTE A，SABY N P A，et al.，2011. Determinants of the distribution of nitrogen-cycling microbial communities at the landscape scale [J]. The ISME Journal，5（3）：532–542.

BURSON A，STOMP M，GREENWELL E，et al.，2018. Competition for nutrients and light：testing advances in resource competition with a natural phytoplankton community [J]. Ecology，99：1108–1118.

BUTTERBACH-BAHL K，KOCK M，WILLIBALD G，et al.，2004. Temporal variations of fluxes of NO，NO_2，N_2O，CO_2，and CH_4 in a tropical rain forest ecosystem [J]. Global Biogeochemical Cycles，18（3）：1–11 .

CAMPBELL B J，POLSON S W，HANSON T E，et al.，2010. The effect of nutrient deposition on bacterial communities in Arctic tundra soil [J]. Environmental Microbiology，12（7）：1842–1854.

CARDENAS L M，THORMAN R，ASHLEE N，et al.，2010. Quantifying annual N_2O emission fluxes from grazed grassland under a range of inorganic fertiliser nitrogen inputs [J]. Agriculture，Ecosystems & Environment，136（3）：218–226.

CAREY C J，DOVE N C，BEMAN J M，et al.，2016. Meta-analysis reveals ammonia-oxidizing bacteria respond more strongly to nitrogen addition than ammonia-oxidizing archaea [J]. Soil Biology and Biochemistry，99：158–166.

CASTALDI S，2000. Responses of nitrous oxide，dinitrogen and carbon dioxide production and oxygen consumption to temperature in forest and agricultural light-textured soils determined by model experiment [J]. Biology and Fertility of Soils，32（1）：67–72.

CAVIGELLI M A，ROBERTSON G P，2000. The functional significance of denitrifier community composition in a terrestrial ecosystem [J]. Ecology，81（5）：1402–1414.

CHAI L L，HERNANDEZ-RAMIREZ G，DYCK M，et al.，2020. Can fertigation reduce nitrous oxide emissions from wheat and canola fields? [J]. Science of the Total Environment，745：141014.

CHAPUIS-LARDY L，WRAGE N，METAY A，et al.，2007. Soils，a sink for

N_2O? A review [J]. Global Change Biology，13（1）：1-17.
CHEN H，LI D，ZHAO J，et al.，2018. Nitrogen addition aggravates microbial carbon limitation：evidence from ecoenzymatic stoichiometry [J]. Geoderma，329：61-64.
CHEN J，ZHANG Y，YANG Y，et al.，2021. Effects of increasing organic nitrogen inputs on CO_2，CH_4，and N_2O fluxes in a temperate grassland [J]. Environmental Pollution，268：115822.
CHEN Q L，DING J，ZHU Y G，et al.，2020. Soil bacterial taxonomic diversity is critical to maintaining the plant productivity [J]. Environment International，140：105766.
CHEN S，HAO T，GOULDING K，et al.，2019. Impact of 13-years of nitrogen addition on nitrous oxide and methane fluxes and ecosystem respiration in a temperate grassland [J]. Environmental Pollution，252：675-681.
CHEN W，ZHENG X，CHEN Q，et al.，2013. Effects of increasing precipitation and nitrogen deposition on CH_4 and N_2O fluxes and ecosystem respiration in a degraded steppe in Inner Mongolia，China [J]. Geoderma，192：335-340.
CHEN Z，LUO X，HU R，et al.，2010. Impact of long-term fertilization on the composition of denitrifier communities based on nitrite reductase analyses in a paddy soil [J]. Microbial Ecology，60（4）：850-861.
CHEN Z，WANG C，GSCHWENDTNER S，et al.，2015. Relationships between denitrification gene expression，dissimilatory nitrate reduction to ammonium and nitrous oxide and dinitrogen production in montane grassland soils [J]. Soil Biology and Biochemistry，87：67-77.
CHENG S L，FANG H J，YU G R，et al.，2010. Foliar and soil ^{15}N natural abundances provide field evidence on nitrogen dynamics in temperate and boreal forest ecosystems [J]. Plant and Soil，337（1）：285-297.
CHENG S L，WANG L，FANG H J，et al.，2016. Nonlinear responses of soil nitrous oxide emission to multi-level nitrogen enrichment in a temperate needle-broadleaved mixed forest in northeast China [J]. Catena，147：556-563.
CHENG Y，CAI Z C，ZHANG J B，et al.，2011. Gross N transformations were

little affected by 4 years of simulated N and S depositions in an aspen-white spruce dominated boreal forest in Alberta, Canada [J]. Forest Ecology and Management, 262（3）: 571–578.

CHENG Y, WANG J, CHANG S X, et al., 2019. Nitrogen deposition affects both net and gross soil nitrogen transformations in forest ecosystems: a review [J]. Environmental Pollution, 244: 608–616.

CHENG Y, WANG J, WANG J, et al., 2020. Nitrogen deposition differentially affects soil gross nitrogen transformations in organic and mineral horizons [J]. Earth-Science Reviews, 201: 103033.

CHRISTENSEN N W, BRETT M, 1985. Chloride and liming effects on soil nitrogen form and take-all of wheat [J]. Agronomy Journal, 77（1）: 157–163.

CHRISTENSON L M, LOVETT G M, WEATHERS K C, et al., 2009. The influence of tree species, nitrogen fertilization, and soil C to N ratio on gross soil nitrogen transformations [J]. Soil Science Society of America Journal, 73（2）: 638–646.

CHRISTIE K M, SMITH A P, RAWNSLEY R P, et al., 2020. Simulated seasonal responses of grazed dairy pastures to nitrogen fertilizer in SE Australia: N loss and recovery [J]. Agricultural Systems, 182: 102847.

CLARK C M, TILMAN D, 2008. Loss of plant species after chronic low-level nitrogen deposition to prairie grasslands [J]. Nature, 451（7179）: 712–715.

CLOUGH T J, SHERLOCK R R, ROLSTON D E, 2005. A review of the movement and fate of N_2O in the subsoil [J]. Nutrient Cycling in Agroecosystems, 72（1）: 3–11.

COBB A B, WILSON G W T, GOAD C L, et al., 2016. The role of arbuscular mycorrhizal fungi in grain production and nutrition of sorghum genotypes: enhancing sustainability through plant-microbial partnership [J]. Agriculture, Ecosystems & Environment, 233: 432–440.

COOLON J D, JONES K L, TODD T C, et al., 2013. Long-term nitrogen amendment alters the diversity and assemblage of soil bacterial communities in tallgrass prairie [J]. Plos One, 8（6）: e67884.

CORKER H, POOLE R K, 2003. Nitric oxide formation by Escherichia coli:

dependence on nitrite reductase，the NO-sensing regulator FNR，and flavohemoglobin Hmp [J]. Journal of Biological Chemistry，278（34）：31584-31592.

CORNELL S E，2011. Atmospheric nitrogen deposition：revisiting the question of the importance of the organic component [J]. Environmental Pollution，159（10）：2214-2222.

CORRE M D，BEESE F O，BRUMME R，2003. Soil nitrogen cycle in high nitrogen deposition forest：changes under nitrogen saturation and liming [J]. Ecological Applications，13（2）：287-298.

CORRE M D，VELDKAMP E，ARNOLD J，et al.，2010. Impact of elevated N input on soil N cycling and losses in old-growth lowland and montane forests in Panama [J]. Ecology，91（6）：1715-1729.

CRENSHAW C L，LAUBER C，SINSABAUGH R L，et al.，2008. Fungal control of nitrous oxide production in semiarid grassland [J]. Biogeochemistry，87（1）：17-27.

ČUHEL J，ŠIMEK M，LAUGHLIN R J，et al.，2010. Insights into the effect of soil pH on N_2O and N_2 emissions and denitrifier community size and activity [J]. Applied and Environmental Microbiology，76（6）：1870-1878.

DALAL R C，WANG W，ROBERTSON G P，et al.，2003. Nitrous oxide emission from Australian agricultural lands and mitigation options：a review [J]. Australian Journal of Soil Research，41（2）：165-195.

DANDIE C E，WERTZ S，LECLAIR C L，et al.，2011. Abundance，diversity and functional gene expression of denitrifier communities in adjacent riparian and agricultural zones [J]. FEMS Microbiology Ecology，77（1）：69-82.

DAVIDSON E A，KELLER M，ERICKSON H E，et al.，2000. Testing a conceptual model of soil emissions of nitrous and nitric oxides：using two functions based on soil nitrogen availability and soil water content，the hole-in-the-pipe model characterizes a large fraction of the observed variation of nitric oxide and nitrous oxide emissions from soils [J]. Bioscience，50（8）：667-680.

DE BOER W，KOWALCHUK G A，2001. Nitrification in acid soils：micro-organisms and mechanisms [J]. Soil Biology and Biochemistry，33（7）：853-866.

DE VRIES W, DU E, BUTTERBACH-BAHL K, 2014. Short and long-term impacts of nitrogen deposition on carbon sequestration by forest ecosystems [J]. Current Opinion in Environmental Sustainability, 9-10: 90-104.

DE BOER W, LAANBROEK H J, 1989. Ureolytic nitrification at low pH by *Nitrosospira* spec. [J]. Archives of Microbiology, 152 (2): 178-181.

DEGROOD S H, CLAASSEN V P, SCOW K M, 2005. Microbial community composition on native and drastically disturbed serpentine soils [J]. Soil Biology and Biochemistry, 37 (8): 1427-1435.

DEL PRADO A, MERINO P, ESTAVILLO J M, et al., 2006. N_2O and NO emissions from different N sources and under a range of soil water contents [J]. Nutrient Cycling in Agroecosystems, 74 (3): 229-243.

DENG L, HUANG C, KIM D G, et al., 2020. Soil GHG fluxes are altered by N deposition: new data indicate lower N stimulation of the N_2O flux and greater stimulation of the calculated C pools [J]. Global Change Biology, 26 (4): 2613-2629.

DENTENER F, DREVET J, LAMARQUE J F, et al., 2006. Nitrogen and sulfur deposition on regional and global scales: a multimodel evaluation [J]. Global Biogeochemical Cycles, 20 (4): 2613-2629.

DI H J, CAMERON K C, MCLAREN R G, 2000. Isotopic dilution methods to determine the gross transformation rates of nitrogen, phosphorus, and sulfur in soil: a review of the theory, methodologies, and limitations [J]. Australian Journal of Soil Research, 38 (1): 213-230.

DOBBIE K E, MCTAGGART I P, SMITH K A, 1999. Nitrous oxide emissions from intensive agricultural systems: variations between crops and seasons, key driving variables, and mean emission factors [J]. Journal of Geophysical Research: Atmospheres, 104 (D21): 26891-26899.

DOBBIE K E, SMITH K A, 2003. Impact of different forms of N fertilizer on N_2O emissions from intensive grassland [J]. Nutrient Cycling in Agroecosystems, 67 (1): 37-46.

DONG L, SUN T, BERG B, et al., 2019. Effects of different forms of N deposition on leaf litter decomposition and extracellular enzyme activities in a temperate grassland [J]. Soil Biology and Biochemistry，134：78–80.

EGERTON-WARBURTON L M，JOHNSON N C，ALLEN E B，2007. Mycorrhizal community dynamics following nitrogen fertilization：a cross-site test in five grasslands [J]. Ecological Monographs，77（4）：527–544.

ERICKSON H，KELLER M，DAVIDSON E A，2001. Nitrogen oxide fluxes and nitrogen cycling during postagricultural succession and forest fertilization in the humid tropics [J]. Ecosystems，4（1）：67–84.

EYLAR O R，SCHMIDT E L，1959. A survey of heterotrophic micro-organisms from soil for ability to form nitrite and nitrate [J]. Journal of General Microbiology，20（3）：473–481.

FAN S，YOH M，2020. Nitrous oxide emissions in proportion to nitrification in moist temperate forests [J]. Biogeochemistry，148（3）：223–236.

FAULWETTER J L，GAGNON V，SUNDBERG C，et al.，2009. Microbial processes influencing performance of treatment wetlands：a review [J]. Ecological Engineering，35（6）：987–1004.

FENN M E，POTH M A，JOHNSON D W，1996. Evidence for nitrogen saturation in the San Bernardino Mountains in southern California [J]. Forest Ecology and Management，82（1）：211–230.

FIERER N，BARBERAN A，LAUGHLIN D C，2014. Seeing the forest for the genes：using metagenomics to infer the aggregated traits of microbial communities [J]. Frontiers in Microbiology，5：00614.

FIERER N，LAUBER C L，RAMIREZ K S，et al.，2012a. Comparative metagenomic，phylogenetic and physiological analyses of soil microbial communities across nitrogen gradients [J]. The ISME Journal，6（5）：1007–1017.

FIERER N，LAUBER C L，RAMIREZ K S，et al.，2012b. Comparative metagenomic，phylogenetic and physiological analyses of soil microbial communities across nitrogen gradients [J]. The ISME Journal，6（5）：1007–1017.

FIGUEIREDO V，ENRICH-PRAST A，RUTTING T，2016. Soil organic matter content controls gross nitrogen dynamics and N_2O production in riparian and upland boreal soil [J]. European Journal of Soil Science，67（6）：782–791.

FLESSA H，PFAU W，DöRSCH P，et al.，1996. The influence of nitrate and ammonium fertilization on N_2O release and CH_4 uptake of a well-drained topsoil demonstrated by a soil microcosm experiment [J]. Zeitschrift für Pflanzenernährung und Bodenkunde，159（5）：499–503.

FLORINSKY I V，MCMAHON S，BURTON D L，2004. Topographic control of soil microbial activity：a case study of denitrifiers [J]. Geoderma，119：33–53.

FREITAG A，RUDERT M，BOCK E，1987. Growth of nitrobacter by dissimilatoric nitrate reduction [J]. FEMS Microbiology Letters，48（1–2）：105–109.

FRINK C R，WAGGONER P E，AUSUBEL J H，1999. Nitrogen fertilizer：retrospect and prospect [J]. Proceedings of the National Academy of Sciences of the United States of America，96（4）：1175–1180.

FROBERG M，BERGGREN D，BERGKVIST B，et al.，2006. Concentration and fluxes of dissolved organic carbon（DOC）in three Norway spruce stands along a climatic gradient in Sweden [J]. Biogeochemistry，77（1）：1–23.

GALLOWAY J N，1996. Anthropogenic mobilization of sulphur and nitrogen：immediate and delayed consequences [J]. Annual Review of Energy and the Environment，21（1）：261–292.

GALLOWAY J N，TOWNSEND A R，ERISMAN J W，et al.，2008. Transformation of the nitrogen cycle：recent trends，questions，and potential solutions [J]. Science，320（5878）：889–892.

GAO W L，KOU L，YANG H，et al.，2016a. Are nitrate production and retention processes in subtropical acidic forest soils responsive to ammonium deposition? [J]. Soil Biology and Biochemistry，100：102–109.

GAO W L，KOU L，ZHANG J B，et al.，2016b. Enhanced deposition of nitrate alters microbial cycling of N in a subtropical forest soil [J]. Biology and Fertility of Soils，52（7）：977–986.

GAO W L，KOU L，ZHANG J B，et al.，2016c. Ammonium fertilization causes a decoupling of ammonium cycling in a boreal forest [J]. Soil Biology and Biochemistry，101：114–123.

GASCHE R, PAPEN H, 1999. A 3-year continuous record of nitrogen trace gas fluxes from untreated and limed soil of a N-saturated spruce and beech forest ecosystem in Germany: 2. NO and NO_2 fluxes [J]. Journal of Geophysical Research-Atmospheres, 104（D15）: 18505–18520.

GELFAND I, ROBERTSON G P, 2015. A reassessment of the contribution of soybean biological nitrogen fixation to reactive N in the environment [J]. Biogeochemistry, 123（1–2）: 175–184.

GENG F Z, LI K H, LIU X J, et al., 2019. Long-term effects of N deposition on N_2O emission in an alpine grassland of Central Asia [J]. Catena, 182: 104100.

GENG J, CHENG S L, FANG H J, et al., 2017a. Soil nitrate accumulation explains the nonlinear responses of soil CO_2 and CH_4 fluxes to nitrogen addition in a temperate needle-broadleaved mixed forest [J]. Ecological Indicators, 79: 28–36.

GENG S C, CHEN Z J, HAN S J, et al., 2017b. Rainfall reduction amplifies the stimulatory effect of nitrogen addition on N_2O emissions from a temperate forest soil [J]. Scientific Reports, 7: 1–10.

GLASER K, HACKL E, INSELSBACHER E, et al., 2010. Dynamics of ammonia-oxidizing communities in barley-planted bulk soil and rhizosphere following nitrate and ammonium fertilizer amendment [J]. FEMS Microbiology Ecology, 74（3）: 575–591.

GLEESON D B, MüLLER C, BANERJEE S, et al., 2010. Response of ammonia oxidizing archaea and bacteria to changing water filled pore space [J]. Soil Biology and Biochemistry, 42（10）: 1888–1891.

GODDE M, CONRAD R, 1999. Immediate and adaptational temperature effects on nitric: oxide production and nitrous oxide release from nitrification and denitrification in two soils [J]. Biology and Fertility of Soils, 30（1–2）: 33–40.

GODDE M, CONRAD R, 2000. Influence of soil properties on the turnover of nitric oxide and nitrous oxide by nitrification and denitrification at constant temperature and moisture [J]. Biology and Fertility of Soils, 32（2）: 120–128.

GRANT R F, PATTEY E, GODDARD T W, et al., 2006. Modeling the effects of fertilizer application rate on nitrous oxide emissions J]. Soil Science Society of

America Journal, 70（1）: 235–248.

GU X, WANG Y, LAANBROEK H J, et al., 2019. Saturated N_2O emission rates occur above the nitrogen deposition level predicted for the semi-arid grasslands of Inner Mongolia, China [J]. Geoderma, 341: 18–25.

GUBRY-RANGIN C, NICOL G W, PROSSER J I, 2010. Archaea rather than bacteria control nitrification in two agricultural acidic soils [J]. FEMS Microbiology Ecology, 74（3）: 566–574.

GUNDERSEN P, EMMETT B A, KJøNAAS O J, et al., 1998. Impact of nitrogen deposition on nitrogen cycling in forests: a synthesis of NITREX data [J]. Forest Ecology and Management, 101（1）: 37–55.

GUO C Y, ZHANG L M, LI S G, et al., 2020. Comparison of soil greenhouse gas fluxes during the spring freeze-thaw period and the growing season in a temperate broadleaved Korean pine forest, Changbai mountains, China [J]. Forests, 11（11）: 1135.

GUO P, JIA J, HAN T, et al., 2017. Nonlinear responses of forest soil microbial communities and activities after short- and long-term gradient nitrogen additions [J]. Applied Soil Ecology, 121: 60–64.

HALL S J, MATSON P A, 1999. Nitrogen oxide emissions after nitrogen additions in tropical forests [J]. Nature, 400（6740）: 152–155.

HALLIN S, JONES C M, SCHLOTER M, et al., 2009. Relationship between N-cycling communities and ecosystem functioning in a 50-year-old fertilization experiment [J]. The ISME Journal, 3（5）: 597–605.

HAN X G, SHEN W J, ZHANG J B, et al., 2018. Microbial adaptation to long-term N supply prevents large responses in N dynamics and N losses of a subtropical forest [J]. Science of the Total Environment, 626: 1175–1187.

HAN X, SHEN W, ZHANG J, et al., 2018. Microbial adaptation to long-term N supply prevents large responses in N dynamics and N losses of a subtropical forest [J]. Science of the Total Environment, 626: 1175–1187.

HAN X, XU C, NIE Y, et al., 2019. Seasonal variations in N_2O emissions in a subtropical forest with exogenous nitrogen enrichment are predominately influenced by the abundances of soil nitrifiers and denitrifiers [J]. Journal of Geophysical Research：Biogeosciences，124：3635–3651.

HARTER J，KRAUSE H M，SCHUETTLER S，et al.，2014. Linking N_2O emissions from biochar-amended soil to the structure and function of the N-cycling microbial community [J]. The ISME Journal，8（3）：660–674.

HE C E，LIU X J，FANGMEIER A，et al.，2007. Quantifying the total airborne nitrogen input into agroecosystems in the North China Plain [J]. Agriculture，Ecosystems & Environment，121（4）：395–400.

HE W，ZHANG M，JIN G，et al.，2021. Effects of nitrogen deposition on nitrogen-mineralizing enzyme activity and soil microbial community structure in a Korean pine plantation [J]. Microbial Ecology，81（2）：410–424.

HE Z，XU M，DENG Y，et al.，2010. Metagenomic analysis reveals a marked divergence in the structure of belowground microbial communities at elevated CO_2 [J]. Ecology Letters，13（5）：564–575.

HENDERSON S L，DANDIE C E，PATTEN C L，et al.，2010. Changes in denitrifier abundance，denitrification gene mRNA levels，nitrous oxide emissions，and denitrification in anoxic soil microcosms amended with glucose and plant residues [J]. Applied and Environmental Microbiology，76（7）：2155–2164.

HIGHTON M P，BAKKEN L R，DöRSCH P，et al.，2020. Soil N_2O emission potential falls along a denitrification phenotype gradient linked to differences in microbiome，rainfall and carbon availability [J]. Soil Biology and Biochemistry，150：108004.

HINK L，NICOL G W，PROSSER J I，2017. Archaea produce lower yields of N_2O than bacteria during aerobic ammonia oxidation in soil [J]. Environmental Microbiology，19（12）：4829–4837.

HOBEN J P，GEHL R J，MILLAR N，et al.，2011. Nonlinear nitrous oxide（N_2O）response to nitrogen fertilizer in on-farm corn crops of the US Midwest [J]. Global Change Biology，17（2）：1140–1152.

HOOGENDOORN C J，DE KLEIN C A M，RUTHERFORD A J，et al.，2008.

The effect of increasing rates of nitrogen fertiliser and a nitrification inhibitor on nitrous oxide emissions from urine patches on sheep grazed hill country pasture [J]. Australian Journal of Experimental Agriculture，48（2）：147–151.

HU H W，CHEN D，HE J Z，2015. Microbial regulation of terrestrial nitrous oxide formation：understanding the biological pathways for prediction of emission rates [J]. FEMS Microbiology Reviews，39（5）：729–749.

HU H W，ZHANG L M，DAI Y，et al.，2013. pH-dependent distribution of soil ammonia oxidizers across a large geographical scale as revealed by high-throughput pyrosequencing [J]. Journal of Soils and Sediments，13（8）：1439–1449.

HUANG Y，LI Y，YAO H Y，et al.，2014. Nitrate enhances N_2O emission more than ammonium in a highly acidic soil [J]. Journal of Soils and Sediments，14（1）：146–154.

IPCC，1996. Climate change 1995：Impacts，Adaptations and Mitigation of Climate Change：Scientific-technical Analyses [M]. Cambridge：Cambridge University Press.

IPCC，2021. Climate Change 2021：The Physical Science Basis. Contribution of Working Group I to the Sixth Assessment Report of the Intergovernmental Panel on Climate Change [M]. Cambridge：Cambridge University Press.

ISLAM A，CHEN D，WHITE R E，2007. Heterotrophic and autotrophic nitrification in two acid pasture soils [J]. Soil Biology and Biochemistry，39（4）：972–975.

ISOBE K，KOBA K，SUWA Y，et al.，2012. High abundance of ammonia-oxidizing archaea in acidified subtropical forest soils in southern China after long-term N deposition [J]. FEMS Microbiology Ecology，80：193–203.

JANSSENS I A，LUYSSAERT S，2009. Nitrogen's carbon bonus [J]. Nature Geoscience，2（5）：318–319.

JANSSENS T K S，STAADEN S，SCHEU S，et al.，2010. Transcriptional responses of Folsomia candida upon exposure to Aspergillus nidulans secondary metabolites in single and mixed diets [J]. Pedobiologia，54（1）：45–52.

JANSSON S L，HALLAM M J，BARTHOLOMEW W V，1955. Preferential utilization of ammonium over nitrate by micro-organisms in the decomposition of oat straw [J]. Plant and Soil，6（4）：382–390.

JIA Z J，CONRAD R，2009. Bacteria rather than Archaea dominate microbial ammonia oxidation in an agricultural soil [J]. Environmental Microbiology，11（7）：1658–1671.

JONATHAN M，DA SILVA C S，BOSCH G，et al.，2015. *In vivo* degradation of alginate in the presence and in the absence of resistant starch [J]. Food Chemistry，172：117–120.

JONES C M，GRAF D R H，BRU D，et al.，2013. The unaccounted yet abundant nitrous oxide-reducing microbial community：a potential nitrous oxide sink [J]. The ISME Journal，7（2）：417–426.

JUNG M Y，WELL R，MIN D，et al.，2014. Isotopic signatures of N_2O produced by ammonia-oxidizing archaea from soils [J]. The ISME Journal，8（5）：1115–1125.

JUNGKUNST H F，FLESSA H，SCHERBER C，et al.，2008. Groundwater level controls CO_2，N_2O and CH_4 fluxes of three different hydromorphic soil types of a temperate forest ecosystem [J]. Soil Biology and Biochemistry，40（8）：2047–2054.

KARTAL B，DE ALMEIDA N M，MAALCKE W J，et al.，2013. How to make a living from anaerobic ammonium oxidation? [J]. FEMS Microbiology Reviews，37（3）：428–461.

KELLER M，KAPLAN W A，WOFSY S C，et al.，1988. Emissions of N_2O from tropical forest soils：response to fertilization with NH_4^+，NO_3^-，and PO_4^{3-} [J]. Journal of Geophysical Research：Atmospheres，93（D2）：1600–1604.

KIM D G，HERNANDEZ-RAMIREZ G，GILTRAP D，2013. Linear and nonlinear dependency of direct nitrous oxide emissions on fertilizer nitrogen input：a meta-analysis [J]. Agriculture，Ecosystems & Environment，168：53–65.

KIM J G，JUNG M Y，PARK S J，et al.，2012. Cultivation of a highly enriched ammonia-oxidizing archaeon of thaumarchaeotal group I. 1b from an agricultural soil [J]. Environmental Microbiology，14（6）：1528–1543.

KIRKHAM D，BARTHOLOMEW W V，1954. Equations for following nutrient transformations in soil，utilizing tracer data [J]. Soil Science Society of America

Journal, 18: 33-34.

KITZLER B, ZECHMEISTER-BOLTENSTERN S, HOLTERMANN C, et al., 2006. Controls over N_2O, NO_x and CO_2 fluxes in a calcareous mountain forest soil [J]. Biogeosciences, 3（4）: 383-395.

KNOWLES R, 1982. Denitrification [J]. Microbiological reviews, 46（1）: 43-70.

KOEHLER B, CORRE M D, VELDKAMP E, et al., 2009. Immediate and long-term nitrogen oxide emissions from tropical forest soils exposed to elevated nitrogen input [J]. Global Change Biology, 15（8）: 2049-2066.

KOOL D M, DOLFING J, WRAGE N, et al., 2011a. Nitrifier denitrification as a distinct and significant source of nitrous oxide from soil [J]. Soil Biology and Biochemistry, 43（1）: 174-178.

KOWALCHUK G A, STEPHEN J R, 2001. Ammonia-oxidizing bacteria: a model for molecular microbial ecology [J]. Annual Review of Microbiology, 55: 485-529.

KOYAMA A, WALLENSTEIN M D, SIMPSON R T, et al., 2014. Soil bacterial community composition altered by increased nutrient availability in Arctic tundra soils [J]. Frontiers in Microbiology, 5: 00516.

KULMATISKI A, BEARD K H, STEVENS J R, et al., 2008. Plant-soil feedbacks: a meta-analytical review [J]. Ecology Letters, 11（9）: 980-992.

KUROIWA M, KOBA K, ISOBE K, et al., 2011. Gross nitrification rates in four Japanese forest soils: heterotrophic versus autotrophic and the regulation factors for the nitrification [J]. Journal of Forest Research, 16（5）: 363-373.

KUZYAKOV Y, FRIEDEL J, STAHR K J S B, et al., 2000. Review of mechanisms and quantification of priming effects [J]. Soil Biology and Biochemistry, 32（11-12）: 1485-1498.

LAL R, 2005. Forest soils and carbon sequestration [J]. Forest Ecology and Management, 220（1-3）: 242-258.

LAMERS M, INGWERSEN J, STRECK T, 2007. Nitrous oxide emissions from mineral and organic soils of a Norway spruce stand in South-West Germany [J]. Atmospheric Environment, 41（8）: 1681-1688.

LAUBER C L, SINSABAUGH R L, ZAK D R, 2009. Laccase gene composition and relative abundance in oak forest soil is not affected by short-term nitrogen fertilization [J]. Microbial Ecology，57（1）：50–57.

LAUGHLIN R J，STEVENS R J，2002. Evidence for fungal dominance of denitrification and codenitrification in a grassland soil [J]. Soil Science Society of America Journal，66（5）：1540–1548.

LEFF J W，JONES S E，PROBER S M，et al.，2015. Consistent responses of soil microbial communities to elevated nutrient inputs in grasslands across the globe [J]. Proceedings of the National Academy of Sciences of the United States of America，112（35）：10967.

LEIGH J A，2000. Nitrogen fixation in methanogens：the archaeal perspective [J]. Current Issues in Molecular Biology，2（4）：125–131.

LEININGER S，URICH T，SCHLOTER M，et al.，2006. Archaea predominate among ammonia-oxidizing prokaryotes in soils [J]. Nature，442（7104）：806–809.

LEVY-BOOTH D J，PRESCOTT C E，GRAYSTON S J，2014. Microbial functional genes involved in nitrogen fixation，nitrification and denitrification in forest ecosystems [J]. Soil Biology and Biochemistry，75：11–25.

LI B B，ROLEY S S，DUNCAN D S，et al.，2021. Long-term excess nitrogen fertilizer increases sensitivity of soil microbial community to seasonal change revealed by ecological network and metagenome analyses [J]. Soil Biology and Biochemistry，160：108349.

LI M，GU J D，2013. Community structure and transcript responses of anammox bacteria，AOA，and AOB in mangrove sediment microcosms amended with ammonium and nitrite [J]. Applied Microbiology and Biotechnology，97（22）：9859–9874.

LI Y，NIU S L，YU G R，2016. Aggravated phosphorus limitation on biomass production under increasing nitrogen loading：a meta-analysis [J]. Global Change Biology，22（2）：934–943.

LIAN Z M，OUYANG W，HAO F H，et al.，2018. Changes in fertilizer categories significantly altered the estimates of ammonia volatilizations induced from increased synthetic fertilizer application to Chinese rice fields [J]. Agriculture，Ecosystems &

Environment, 265: 112–122.

LIN F, LIU C Y, HU X X, et al., 2019. Characterizing nitric oxide emissions from two typical alpine ecosystems [J]. Journal of Environmental Sciences, 77: 312–322.

LIN S, IQBAL J, HU R, et al., 2011. Nitrous oxide emissions from rape field as affected by nitrogen fertilizer management: a case study in Central China [J]. Atmospheric Environment, 45 (9): 1775–1779.

LINDELL D, POST A F, 2001. Ecological aspects of *ntcA* gene expression and its use as an indicator of the nitrogen status of marine *Synechococcus* spp. [J]. Applied and Environmental Microbiology, 67 (8): 3340–3349.

LIU B, MøRKVED P T, FROSTEGåRD Å, et al., 2010. Denitrification gene pools, transcription and kinetics of NO, N_2O and N_2 production as affected by soil pH [J]. FEMS Microbiology Ecology, 72 (3): 407–417.

LIU C, WANG K, ZHENG X, 2012. Responses of N_2O and CH_4 fluxes to fertilizer nitrogen addition rates in an irrigated wheat-maize cropping system in northern China [J]. Biogeosciences, 9 (2): 839–850.

LIU L, GREAVER T L, 2009. A review of nitrogen enrichment effects on three biogenic GHGs: the CO_2 sink may be largely offset by stimulated N_2O and CH_4 emission [J]. Ecology Letters, 12 (10): 1103–1117.

LIU W, JIANG L, YANG S, et al., 2020. Critical transition of soil bacterial diversity and composition triggered by nitrogen enrichment [J]. Ecology, 101 (8): e03053.

LIU X J, ZHANG Y, HAN W X, et al., 2013. Enhanced nitrogen deposition over China [J]. Nature, 494 (7438): 459–462.

LU L, JIA Z, 2013. Urease gene-containing Archaea dominate autotrophic ammonia oxidation in two acid soils [J]. Environmental Microbiology, 15 (6): 1795–1809.

LU M, CHENG S, FANG H, et al., 2021. Organic nitrogen addition causes decoupling of microbial nitrogen cycles by stimulating gross nitrogen transformation in a temperate forest soil [J]. Geoderma, 385: 114886.

LU X, MAO Q, GILLIAM F S, et al., 2014. Nitrogen deposition contributes to soil acidification in tropical ecosystems [J]. Global Change Biology, 20 (12):

3790–3801.

LU M, YANG Y, LUO Y, et al., 2011. Responses of ecosystem nitrogen cycle to nitrogen addition: a meta-analysis [J]. New Phytologist, 189（4）: 1040–1050.

LUND M B, SMITH J M, FRANCIS C A, 2012. Diversity, abundance and expression of nitrite reductase（*nirK*）-like genes in marine thaumarchaea [J]. The ISME Journal, 6（10）: 1966–1977.

MA L, YANG X, SHI Y, et al., 2021. Response of tea yield, quality and soil bacterial characteristics to long-term nitrogen fertilization in an eleven-year field experiment [J]. Applied Soil Ecology, 166: 103976.

MAGILL A H, ABER J D, HENDRICKS J J, et al., 1997. Biogeochemical response of forest ecosystems to simulated chronic nitrogen deposition [J]. Ecological Applications, 7（2）: 402–415.

MäKIPää R, KARJALAINEN T, PUSSINEN A, et al., 1999. Effects of climate change and nitrogen deposition on the carbon sequestration of a forest ecosystem in the boreal zone [J]. Canadian Journal of Forest Research, 29（10）: 1490–1501.

MALHI S S, LEMKE R, WANG Z H, et al., 2006. Tillage, nitrogen and crop residue effects on crop yield, nutrient uptake, soil quality, and greenhouse gas emissions [J]. Soil & Tillage Research, 90（1–2）: 171–183.

MALJANEN M, JOKINEN H, SAARI A, et al., 2006. Methane and nitrous oxide fluxes, and carbon dioxide production in boreal forest soil fertilized with wood ash and nitrogen [J]. Soil Use and Management, 22（2）: 151–157.

MäNNISTö M, GANZERT L, TIIROLA M, et al., 2016. Do shifts in life strategies explain microbial community responses to increasing nitrogen in tundra soil? [J]. Soil Biology and Biochemistry, 96: 216–228.

MARTENS-HABBENA W, BERUBE P M, URAKAWA H, et al., 2009. Ammonia oxidation kinetics determine niche separation of nitrifying archaea and bacteria [J]. Nature, 461（7266）: 976–979.

MARUSENKO Y, HUBER D P, HALL S J, 2013. Fungi mediate nitrous oxide production but not ammonia oxidation in aridland soils of the southwestern US [J]. Soil Biology and Biochemistry, 63: 24–36.

MARY B, RECOUS S, ROBIN D, et al., 1998. A model for calculating nitrogen fluxes in soil using ^{15}N tracing [J]. Soil Biology and Biochemistry, 30（14）: 1963–1979.

MCSWINEY C P, ROBERTSON G P, 2005. Nonlinear response of N_2O flux to incremental fertilizer addition in a continuous maize（*Zea mays* L.）cropping system [J]. Global Change Biology, 11（10）: 1712–1719.

MCTAGGART I P, CLAYTON H, PARKER J, et al., 1997. Nitrous oxide emissions from grassland and spring barley, following N fertiliser application with and without nitrification inhibitors [J]. Biology and Fertility of Soils, 25（3）: 261–268.

MEINHARDT K A, STOPNISEK N, PANNU M W, et al., 2018. Ammonia-oxidizing bacteria are the primary N_2O producers in an ammonia-oxidizing archaea dominated alkaline agricultural soil [J]. Environmental Microbiology, 20（6）: 2195–2206.

MO J, BROWN S, XUE J, et al., 2006. Response of litter decomposition to simulated N deposition in disturbed, rehabilitated and mature forests in subtropical China [J]. Plant and Soil, 282（1）: 135–151.

MORALES S E, COSART T, HOLBEN W E, 2010. Bacterial gene abundances as indicators of greenhouse gas emission in soils [J]. The ISME Journal, 4（6）: 799–808.

MORALES S E, JHA N, SAGGAR S, 2015. Biogeography and biophysicochemical traits link N_2O emissions, N_2O emission potential and microbial communities across New Zealand pasture soils [J]. Soil Biology and Biochemistry, 82: 87–98.

MøRKVED P T, DöRSCH P, BAKKEN L R, 2007. The N_2O product ratio of nitrification and its dependence on long-term changes in soil pH [J]. Soil Biology and Biochemistry, 39（8）: 2048–2057.

MU Z J, KIMURA S D, TOMA Y, et al., 2008. Nitrous oxide fluxes from upland soils in central Hokkaido, Japan [J]. Journal of Environmental Sciences, 20（11）: 1312–1322.

MUELLER R, BELNAP J, KUSKE C, 2015. Soil bacterial and fungal community responses to nitrogen addition across soil depth and microhabitat in an arid shrubland [J]. Frontiers in Microbiology，6：00891.

MULLER C，RUTTING T，KATTGE J，et al.，2007. Estimation of parameters in complex ^{15}N tracing models by Monte Carlo sampling [J]. Soil Biology and Biochemistry，39（3）：715–726.

MURPHY D V，RECOUS S，STOCKDALE E A，et al.，2003. Gross nitrogen fluxes in soil：theory，measurement and application of ^{15}N pool dilution techniques [J]. Advances in Agronomy，79：69–118.

MYNENI R B，DONG J，TUCKER C J，et al.，2001. A large carbon sink in the woody biomass of Northern forests [J]. Proceedings of the National Academy of Sciences of the United States of America，98（26）：14784.

NEMERGUT D R，TOWNSEND A R，SATTIN S R，et al.，2008. The effects of chronic nitrogen fertilization on alpine tundra soil microbial communities：implications for carbon and nitrogen cycling [J]. Environmental Microbiology，10（11）：3093–3105.

NIE Y，WANG M，ZHANG W，et al.，2018. Ammonium nitrogen content is a dominant predictor of bacterial community composition in an acidic forest soil with exogenous nitrogen enrichment [J]. Science of the Total Environment，624：407–415.

NIU S L，CLASSEN A T，DUKES J S，et al.，2016. Global patterns and substrate-based mechanisms of the terrestrial nitrogen cycle [J]. Ecology Letters，19（6）：697–709.

OFFRE P，SPANG A，SCHLEPER C，2013. Archaea in biogeochemical cycles [J]. Annual Review of Microbiology，67：437–457.

OUYANG Y，NORTON J M，STARK J M，et al.，2016. Ammonia-oxidizing bacteria are more responsive than archaea to nitrogen source in an agricultural soil [J]. Soil Biology and Biochemistry，96：4–15.

PAN Y，CASSMAN N，DE HOLLANDER M，et al.，2014. Impact of long-term N，P，K，and NPK fertilization on the composition and potential functions of the bacterial community in grassland soil [J]. FEMS Microbiology Ecology，90（1）：195–205.

PAPEN H，BUTTERBACH-BAHL K，1999. A 3-year continuous record of nitrogen trace gas fluxes from untreated and limed soil of a N-saturated spruce and beech forest ecosystem in Germany：1. N_2O emissions [J]. Journal of Geophysical Research：Atmospheres，104（D15）：18487–18503.

PARKER S S，SCHIMEL J P，2011. Soil nitrogen availability and transformations differ between the summer and the growing season in a California grassland [J]. Applied Soil Ecology，48（2）：185–192.

PATUREAU D，ZUMSTEIN E，DELGENES J P，et al.，2000. Aerobic denitrifiers isolated from diverse natural and managed ecosystems [J]. Microbial Ecology，39（2）：145–152.

PEDERSEN H，DUNKIN K A，FIRESTONE M K，1999. The relative importance of autotrophic and heterotrophic nitrification in a conifer forest soil as measured by ^{15}N tracer and pool dilution techniques [J]. Biogeochemistry，44（2）：135–150.

PENG B，SUN J F，LIU J，et al.，2021. Relative contributions of different substrates to soil N_2O emission and their responses to N addition in a temperate forest [J]. Science of the Total Environment，767（10）：144126.

PENG Q，QI Y，DONG Y，et al.，2011. Soil nitrous oxide emissions from a typical semiarid temperate steppe in inner Mongolia：effects of mineral nitrogen fertilizer levels and forms [J]. Plant and Soil，342（1）：345–357.

PETERSEN D G，BLAZEWICZ S J，FIRESTONE M，et al.，2012. Abundance of microbial genes associated with nitrogen cycling as indices of biogeochemical process rates across a vegetation gradient in Alaska [J]. Environmental Microbiology，14（4）：993–1008.

PHILIPPOT L，ANDERT J，JONES C M，et al.，2011. Importance of denitrifiers lacking the genes encoding the nitrous oxide reductase for N_2O emissions from soil [J]. Global Change Biology，17（3）：1497–1504.

PHILIPPOT L，CUHEL J，SABY N P A，et al.，2009. Mapping field-scale spatial patterns of size and activity of the denitrifier community [J]. Environmental Microbiology，11（6）：1518–1526.

PHILIPPOT L，HALLIN S，CHLOTER M，2007. Ecology of denitrifying prokaryotes in agricultural soil [J]. Advances in Agronomy，96（7）：249–305.

PILEGAARD K，SKIBA U，AMBUS P，et al.，2006. Factors controlling regional differences in forest soil emission of nitrogen oxides（NO and N_2O）[J]. Biogeosciences，3（4）：651–661.

PRENDERGAST-MILLER M T，BAGGS E M，JOHNSON D，2011. Nitrous oxide production by the ectomycorrhizal fungi Paxillus involutus and Tylospora fibrillosa [J]. FEMS Microbiology Letters，316（1）：31–35.

PURKHOLD U，POMMERENING-ROSER A，JURETSCHKO S，et al.，2000. Phylogeny of all recognized species of ammonia oxidizers based on comparative 16S rRNA and *amoA* sequence analysis：implications for molecular diversity surveys [J]. Applied and Environmental Microbiology，66（12）：5368–5382.

QIN H L，YUAN H Z，ZHANG H，et al.，2013. Ammonia-oxidizing archaea are more important than ammonia-oxidizing bacteria in nitrification and NO_3^-–N loss in acidic soil of sloped land [J]. Biology and Fertility of Soils，49（6）：767–776.

RAMIREZ K S，CRAINE J M，FIERER N，2012. Consistent effects of nitrogen amendments on soil microbial communities and processes across biomes [J]. Global Change Biology，18（6）：1918–1927.

RAMIREZ K S，LAUBER C L，KNIGHT R，et al.，2010. Consistent effects of nitrogen fertilization on soil bacterial communities in contrasting systems [J]. Ecology，91（12）：3463–3470.

RASCHE F，KNAPP D，KAISER C，et al.，2011. Seasonality and resource availability control bacterial and archaeal communities in soils of a temperate beech forest [J]. The ISME Journal，5（3）：389–402.

RAVISHANKARA A R，DANIEL J S，PORTMANN R W，2009. Nitrous oxide（N_2O）：The dominant ozone-depleting substance emitted in the 21st century [J]. Science，326（5949）：123.

REVILLINI D，GEHRING C，JOHNSON N C，2016. The role of locally adapted mycorrhizas and rhizobacteria in plant-soil feedback systems [J]. Functional Ecology，30（7）：1086–1098.

REYNOLDS H L，PACKER A，BEVER J D，et al.，2003. Grassroots ecology：

plant-microbe-soil interactions as drivers of plant community structure and dynamics [J]. Ecology，84（9）：2281–2291.

RICHARDSON D，FELGATE H，WATMOUGH N，et al.，2009. Mitigating release of the potent greenhouse gas N_2O from the nitrogen cycle – could enzymic regulation hold the key? [J]. Trends in Biotechnology，27（7）：388–397.

ROBERTSON G P，1989. Nitrification and denitrification in humid tropical ecosystems：potential controls on nitrogen retention [J]. Mineral Nutrients in Tropical Forest and Savanna Ecosystems，9：55–69.

ROLEY S S，DUNCAN D S，LIANG D，et al.，2018. Associative nitrogen fixation（ANF）in switchgrass（*Panicum virgatum*）across a nitrogen input gradient [J]. Plos One，13（6）：e0197320.

ROWLINGS D W，GRACE P R，KIESE R，et al.，2012. Environmental factors controlling temporal and spatial variability in the soil-atmosphere exchange of CO_2，CH_4 and N_2O from an Australian subtropical rainforest [J]. Global Change Biology，18（2）：726–738.

RUTTING T，BOECKX P，MüLLER C，et al.，2011. Assessment of the importance of dissimilatory nitrate reduction to ammonium for the terrestrial nitrogen cycle [J]. Biogeosciences，8（7）：1779–1791.

RUTTING T，MULLER C，2008. Process-specific analysis of nitrite dynamics in a permanent grassland soil by using a Monte Carlo sampling technique [J]. European Journal of Soil Science，59（2）：208–215.

RYDEN J C，1983. Denitrification loss from a grassland soil in the field receiving different rates of nitrogen as ammonium nitrate [J]. European Journal of Soil Science，34（2）：355–365.

SABIR M S，SHAHZADI F，ALI F，et al.，2021. Comparative effect of fertilization practices on soil microbial diversity and activity：an overview [J]. Current Microbiology，78（10）：3644–3655.

SAKATA R，SHIMADA S，ARAI H，et al.，2015. Effect of soil types and nitrogen fertilizer on nitrous oxide and carbon dioxide emissions in oil palm plantations [J]. Soil Science and Plant Nutrition，61（1）：48–60.

SAMAD M S, BISWAS A, BAKKEN L R, et al., 2016. Phylogenetic and functional potential links pH and N_2O emissions in pasture soils [J]. Scientific Reports, 6（1）: 35990.

SANFORD R A, WAGNER D D, WU Q Z, et al., 2012. Unexpected nondenitrifier nitrous oxide reductase gene diversity and abundance in soils [J]. Proceedings of the National Academy of Sciences of the United States of America, 109（48）: 19709-19714.

SANTORO A E, BUCHWALD C, MCILVIN M R, et al., 2011. Isotopic signature of N_2O produced by marine ammonia-oxidizing archaea [J]. Science, 333（6047）: 1282-1285.

SCHINDLBACHER A, ZECHMEISTER-BOLTENSTERN S, BUTTERBACH-BAHL K, 2004. Effects of soil moisture and temperature on NO, NO_2, and N_2O emissions from European forest soils [J]. Journal of Geophysical Research Atmospheres, 109: D17302.

SCHMIDT M, VELDKAMP E, CORRE M D, 2015. Tree species diversity effects on productivity, soil nutrient availability and nutrient response efficiency in a temperate deciduous forest [J]. Forest Ecology and Management, 338: 114-123.

SCHREIBER F, WUNDERLIN P, UDERT K M, et al., 2012. Nitric oxide and nitrous oxide turnover in natural and engineered microbial communities: biological pathways, chemical reactions, and novel technologies [J]. Frontiers in Microbiology, 3: 00372.

SEO D C, DELAUNE R D, 2010. Fungal and bacterial mediated denitrification in wetlands: influence of sediment redox condition [J]. Water Research, 44（8）: 2441-2450.

SHAW L J, NICOL G W, SMITH Z, et al., 2006. *Nitrosospira* spp. can produce nitrous oxide via a nitrifier denitrification pathway [J]. Environmental Microbiology, 8（2）: 214-222.

SHEN X Y, ZHANG L M, SHEN J P, et al., 2011. Nitrogen loading levels affect abundance and composition of soil ammonia oxidizing prokaryotes in semiarid temperate grassland [J]. Journal of Soils and Sediments, 11（7）: 1243-1252.

SHI Y L，LIU X R，ZHANG Q W，2019. Effects of combined biochar and organic fertilizer on nitrous oxide fluxes and the related nitrifier and denitrifier communities in a saline-alkali soil [J]. Science of the Total Environment，686：199–211.

SHOUN H，FUSHINOBU S，JIANG L，et al.，2012. Fungal denitrification and nitric oxide reductase cytochrome P450nor [J]. Philosophical Transactions of the Royal Society B：Biological Sciences，367（1593）：1186–1194.

SIMEK M，COOPER J E，2002. The influence of soil pH on denitrification：progress towards the understanding of this interaction over the last 50 years [J]. European Journal of Soil Science，53（3）：345–354.

SIMON J，EINSLE O，KRONECK P M H，et al.，2004. The unprecedented *nos* gene cluster of *Wolinella succinogenes* encodes a novel respiratory electron transfer pathway to cytochrome c nitrous oxide reductase [J]. Febs Letters，569（1–3）：7–12.

SMART D R，STARK J M，DIEGO V，1999. Resource limitations to nitric oxide emissions from a sagebrush-steppe ecosystem [J]. Biogeochemistry，47（1）：63–86.

SMITH K A，BALL T，CONEN F，et al.，2003. Exchange of greenhouse gases between soil and atmosphere：interactions of soil physical factors and biological processes [J]. European Journal of Soil Science，54（4）：779–791.

SNYDER C S，BRUULSEMA T W，JENSEN T L，et al.，2009. Review of greenhouse gas emissions from crop production systems and fertilizer management effects [J]. Agriculture，Ecosystems & Environment，133（3）：247–266.

SONG C C，XU X F，TIAN H Q，et al.，2009. Ecosystem-atmosphere exchange of CH_4 and N_2O and ecosystem respiration in wetlands in the Sanjiang Plain，northeastern China [J]. Global Change Biology，15（3）：692–705.

SONG H，CHE Z，CAO W，et al. Changing roles of ammonia-oxidizing bacteria and archaea in a continuously acidifying soil caused by over-fertilization with nitrogen [J]. Environmental Science and Pollution Research，2016，23：11964–11974.

SONG L，ZHANG J B，MULLER C，et al.，2019. Responses of soil N transformations and N loss to three years of simulated N deposition in a temperate

Korean pine plantation in northeast China [J]. Applied Soil Ecology，137：49–56.

SOURI M K，2010. Effectiveness of chloride compared to 3，4-Dimethylpyrazole phosphate on nitrification inhibition in soil [J]. Communications in Soil Science and Plant Analysis，41（14）：1769–1778.

SPANG A，POEHLEIN A，OFFRE P，et al.，2012. The genome of the ammonia-oxidizing *Candidatus* Nitrososphaera gargensis：insights into metabolic versatility and environmental adaptations [J]. Environmental Microbiology，14（12）：3122–3145.

SPOTT O，RUSSOW R，STANGE C F，2011. Formation of hybrid N_2O and hybrid N_2 due to codenitrification：first review of a barely considered process of microbially mediated N-nitrosation [J]. Soil Biology and Biochemistry，43（10）：1995–2011.

STANGE C F，SPOTT O，ARRIAGA H，et al.，2013. Use of the inverse abundance approach to identify the sources of NO and N_2O release from Spanish forest soils under oxic and hypoxic conditions [J]. Soil Biology and Biochemistry，57：451–458.

STARK J M，FIRESTONE M K，1995. Mechanisms for soil-moisture effects on activity of nitrifying bacteria [J]. Applied and Environmental Microbiology，61（1）：218–221.

STARK J M，2000. Nutrient Transformations [M]//SALA O E，JACKSON R B，MOONEY H A，et al. Methods in Ecosystem Science. New York：Springer：215–234.

STEVENS R J，LAUGHLIN R J，BURNS L C，et al.，1997. Measuring the contributions of nitrification and denitrification to the flux of nitrous oxide from soil [J]. Soil Biology and Biochemistry，29（2）：139–151.

STIEGLMEIER M，MOOSHAMMER M，KITZLER B，et al.，2014. Aerobic nitrous oxide production through N-nitrosating hybrid formation in ammonia-oxidizing archaea [J]. The ISME Journal，8（5）：1135–1146.

STROUS M，PELLETIER E，MANGENOT S，et al.，2006. Deciphering the evolution and metabolism of an anammox bacterium from a community genome [J]. Nature，440（7085）：790–794.

STRUWE S，KJøLLER A，1994. Potential for N_2O production from beech（*Fagus silvaticus*) forest soils with varying pH [J]. Soil Biology and Biochemistry, 26 (8): 1003-1009.

SUN J F, PENG B, LI W, et al., 2016. Effects of nitrogen addition on potential soil nitrogen-cycling processes in a temperate forest ecosystem [J]. Soil Science, 181 (1): 29-38.

SUN Y, SHENG S Y, JIANG X, et al., 2019. Genetic associations as indices for assessing nitrogen transformation processes in co-composting of cattle manure and rice straw [J]. Bioresource Technology, 291 (1): 121815.

SUTKA R L, OSTROM N E, OSTROM P H, et al., 2006. Distinguishing nitrous oxide production from nitrification and denitrification on the basis of isotopomer abundances [J]. Applied and Environmental Microbiology, 72 (1): 638-644.

SZUKICS U, ABELL G C J, HöDL V, et al., 2010. Nitrifiers and denitrifiers respond rapidly to changed moisture and increasing temperature in a pristine forest soil [J]. FEMS Microbiology Ecology, 72 (3): 395-406.

SZUKICS U, HACKL E, ZECHMEISTER-BOLTENSTERN S, et al., 2009. Contrasting response of two forest soils to nitrogen input: rapidly altered NO and N_2O emissions and *nirK* abundance [J]. Biology and Fertility of Soils, 45 (8): 855-863.

TAKAYA N, CATALAN-SAKAIRI M A B, SAKAGUCHI Y, et al., 2003. Aerobic denitrifying bacteria that produce low levels of nitrous oxide [J]. Applied and Environmental Microbiology, 69 (6): 03152.

TANG Y C, ZHANG X Y, LI D D, et al., 2016. Impacts of nitrogen and phosphorus additions on the abundance and community structure of ammonia oxidizers and denitrifying bacteria in Chinese fir plantations [J]. Soil Biology and Biochemistry, 103: 284-293.

THAMDRUP B, 2012. New pathways and processes in the global nitrogen cycle [J]. Annual Review of Ecology, Evolution, and Systematics, 43: 407-428.

THORNTON F C, VALENTE R J, 1996. Soil emissions of nitric oxide and nitrous oxide from no-till corn [J]. Soil Science Society of America Journal, 60: 1127-1133.

TIAN D, JIANG L, MA S, et al., 2017. Effects of nitrogen deposition on soil microbial communities in temperate and subtropical forests in China [J]. Science of the Total Environment, 607: 1367–1375.

TIAN D, NIU S, 2015. A global analysis of soil acidification caused by nitrogen addition [J]. Environmental Research Letters, 10（2）: 024019.

TIAN H Q, YANG J, XU R T, et al., 2019. Global soil nitrous oxide emissions since the preindustrial era estimated by an ensemble of terrestrial biosphere models: magnitude, attribution, and uncertainty [J]. Global Change Biology, 25（2）: 640–659.

TIAN P, ZHANG J B, MULLER C, et al., 2018. Effects of six years of simulated N deposition on gross soil N transformation rates in an old-growth temperate forest [J]. Journal of Forestry Research, 29（3）: 647–656.

TIAN X F, HU H W, DING Q, et al., 2014. Influence of nitrogen fertilization on soil ammonia oxidizer and denitrifier abundance, microbial biomass, and enzyme activities in an alpine meadow [J]. Biology and Fertility of Soils, 50（4）: 703–713.

TIEDJE J M, SEXSTONE A J, MYROLD D D, et al., 1982. Denitrification - ecological niches, competition and survival [J]. Antonie Van Leeuwenhoek Journal of Microbiology, 48（6）: 569–583.

TIEDJE J. 1994. Denitrifiers [M]. In: WEAVER R W, ANGLE S, BOTTOMLEY P, et al. Methods of soil analysis: Part 2. Microbiological and biochemical properties. Madison: Soil Science Society of America: 245–267.

TOURNA M, FREITAG T E, PROSSER J I, 2010. Stable isotope probing analysis of interactions between ammonia oxidizers [J]. Applied and Environmental Microbiology, 76（8）: 2468–2477.

TRESEDER K K, 2004. A meta-analysis of mycorrhizal responses to nitrogen, phosphorus, and atmospheric CO_2 in field studies [J]. New Phytologist, 164（2）: 347–355.

TRESEDER K K, 2008. Nitrogen additions and microbial biomass: a meta-analysis of ecosystem studies [J]. Ecology Letters, 11（10）: 1111–1120.

TREUSCH A H, LEININGER S, KLETZIN A, et al., 2005. Novel genes for nitrite reductase and Amo-related proteins indicate a role of uncultivated mesophilic crenarchaeota in nitrogen cycling [J]. Environmental Microbiology, 7（12）: 1985–1995.

TU Q C, HE Z L, WU L Y, et al., 2017. Metagenomic reconstruction of nitrogen cycling pathways in a CO_2-enriched grassland ecosystem [J]. Soil Biology and Biochemistry, 106: 99–108.

VACCARE J, MESELHE E, WHITE J R, 2019. The denitrification potential of eroding wetlands in Barataria Bay, LA, USA: implications for river reconnection [J]. Science of the Total Environment, 686: 529–537.

VAN WONDEREN J H, BURLAT B, RICHARDSON D J, et al., 2008. The nitric oxide reductase activity of cytochrome c nitrite reductase from *Escherichia coli* [J]. Journal of Biological Chemistry, 283（15）: 9587–9594.

VELTHOF G L, BRADER A B, OENEMA O, 1996. Seasonal variations in nitrous oxide losses from managed grasslands in The Netherlands [J]. Plant and Soil, 181（2）: 263–274.

VENTEREA R T, GROFFMAN P M, VERCHOT L V, et al., 2004. Gross nitrogen process rates in temperate forest soils exhibiting symptoms of nitrogen saturation [J]. Forest Ecology and Management, 196（1）: 129–142.

VERCHOT L V, DAVIDSON E A, CATTANIO J H, et al., 1999. Land use change and biogeochemical controls of nitrogen oxide emissions from soils in eastern Amazonia [J]. Global Biogeochemical Cycles, 13（1）: 31–46.

VERESOGLOU S D, BARTO E K, MENEXES G, et al., 2013. Fertilization affects severity of disease caused by fungal plant pathogens [J]. Plant Pathology, 62（5）: 961–969.

VESTGARDEN L S, KJONAAS O J, 2003. Potential nitrogen transformations in mineral soils of two coniferous forests exposed to different N inputs [J]. Forest Ecology and Management, 174（1–3）: 191–202.

WAKELIN S A, CLOUGH T J, GERARD E M, et al., 2013. Impact of short-interval, repeat application of dicyandiamide on soil N transformation in urine patches [J]. Agriculture, Ecosystems & Environment, 167: 60–70.

WALLENSTEIN M D，MYROLD D D，FIRESTONE M，et al.，2006. Environmental controls on denitrifying communities and denitrification rates：Insights from molecular methods [J]. Ecological Applications，16（6）：2143–2152.

WALTERS D R，BINGHAM I J，2007. Influence of nutrition on disease development caused by fungal pathogens：implications for plant disease control [J]. Annals of Applied Biology，151（3）：307–324.

WANG C G，HAN S J，ZHOU Y M，et al.，2012. Responses of fine roots and soil n availability to short-term nitrogen fertilization in a broad-leaved Korean pine mixed forest in northeastern China [J]. Plos One，7（3）：e31042.

WANG C Y，HAN G M，JIA Y，et al.，2011. Response of litter decomposition and related soil enzyme activities to different forms of nitrogen fertilization in a subtropical forest [J]. Ecological Research，26（3）：505–513.

WANG F M，LI J，WANG X L，et al.，2014. Nitrogen and phosphorus addition impact soil N_2O emission in a secondary tropical forest of South China [J]. Scientific Reports，4：05165.

WANG J C，XUE C，SONG Y，et al.，2016. Wheat and rice growth stages and fertilization regimes alter soil bacterial community structure，but not diversity [J]. Frontiers in Microbiology，7：01207.

WANG J S，SONG B，MA F F，et al.，2019. Nitrogen addition reduces soil respiration but increases the relative contribution of heterotrophic component in an alpine meadow [J]. Functional Ecology，33（11）：2239–2253.

WANG Y，GUO J，VOGT R D，et al.，2018. Soil pH as the chief modifier for regional nitrous oxide emissions：new evidence and implications for global estimates and mitigation [J]. Global Change Biology，24（2）：e617–e626.

WANG Y，JI H F，WANG R，et al.，2020. Synthetic fertilizer increases denitrifier abundance and depletes subsoil total N in a long-term fertilization experiment [J]. Frontiers in Microbiology，11：02026.

WEBSTER G，EMBLEY T M，FREITAG T E，et al.，2005. Links between ammonia oxidizer species composition，functional diversity and nitrification kinetics in grassland soils [J]. Environmental Microbiology，7（5）：676–684.

WEI W, ISOBE K, SHIRATORI Y, et al., 2015. Development of PCR primers targeting fungal *nirK* to study fungal denitrification in the environment [J]. Soil Biology and Biochemistry, 81: 282–286.

WERNER C, ZHENG X, TANG J, et al., 2006. N_2O, CH_4 and CO_2 emissions from seasonal tropical rainforests and a rubber plantation in Southwest China [J]. Plant and Soil, 289 (1): 335–353.

WESLIEN P, KASIMIR KLEMEDTSSON Å, BöRJESSON G, et al., 2009. Strong pH influence on N_2O and CH_4 fluxes from forested organic soils [J]. European Journal of Soil Science, 60 (3): 311–320.

WESSEN E, NYBERG K, JANSSON J K, et al., 2010. Responses of bacterial and archaeal ammonia oxidizers to soil organic and fertilizer amendments under long-term management [J]. Applied Soil Ecology, 45 (3): 193–200.

WILLIAMS P H, JARVIS S C, DIXON E, 1998. Emission of nitric oxide and nitrous oxide from soil under field and laboratory conditions [J]. Soil Biology and Biochemistry, 30: 1885–1893.

WMO, 2018. The state of greenhouse gases in the atmosphere based on global observations through 2017 [J]. WMO Greenhouse Gas Bulletin, 14: 6.

WOLF I, RUSSOW R, 2000. Different pathways of formation of N_2O, N_2 and NO in black earth soil [J]. Soil Biology and Biochemistry, 32 (2): 229–239.

WRAGE N, VELTHOF G L, VAN BEUSICHEM M L, et al., 2001. Role of nitrifier denitrification in the production of nitrous oxide [J]. Soil Biology and Biochemistry, 33 (12): 1723–1732.

WU H, LU X, TONG S, et al., 2015. Soil engineering ants increase CO_2 and N_2O emissions by affecting mound soil physicochemical characteristics from a marsh soil: a laboratory study [J]. Applied Soil Ecology, 87: 19–26.

WU X, BRUGGEMANN N, GASCHE R, et al., 2010. Environmental controls over soil-atmosphere exchange of N_2O, NO, and CO_2 in a temperate Norway spruce forest [J]. Global Biogeochemical Cycles, 24 (2): GB2012.

WUNDERLIN P, MOHN J, JOSS A, et al., 2012. Mechanisms of N_2O production in biological wastewater treatment under nitrifying and denitrifying conditions [J].

Water Research，46（4）：1027–1037.

XIA F，MEI K，XU Y，et al.，2020. Response of N_2O emission to manure application in field trials of agricultural soils across the globe [J]. Science of the Total Environment，733：139390.

XU X K，HAN L，LUO X B，et al.，2009. Effects of nitrogen addition on dissolved N_2O and CO_2，dissolved organic matter，and inorganic nitrogen in soil solution under a temperate old-growth forest [J]. Geoderma，151（s3–4）：370–377.

XU Y B，XU Z H，CAI Z C，et al.，2013. Review of denitrification in tropical and subtropical soils of terrestrial ecosystems [J]. Journal of Soils and Sediments，13（4）：699–710.

YAMULKI S，HARRISON R M，GOULDING K W T，et al.，1997. N_2O，NO and NO_2 fluxes from a grassland：effect of soil pH [J]. Soil Biology and Biochemistry，29（8）：1199–1208.

YANAI Y，TOYOTA K，MORISHITA T，et al.，2007. Fungal N_2O production in an arable peat soil in central Kalimantan，Indonesia [J]. Soil Science and Plant Nutrition，53（6）：806–811.

YANG T，LONG M，SMITH M D，et al.，2021. Changes in species abundances with short-term and long-term nitrogen addition are mediated by stoichiometric homeostasis [J]. Plant and Soil，469：39–48.

YANG X D，MA L F，JI L F，et al.，2019. Long-term nitrogen fertilization indirectly affects soil fungi community structure by changing soil and pruned litter in a subtropical tea（*Camellia sinensis* L.）plantation in China [J]. Plant and Soil，444（1–2）：409–426.

YANG Y D，REN Y F，WANG X Q，et al.，2018a. Ammonia-oxidizing archaea and bacteria responding differently to fertilizer type and irrigation frequency as revealed by Illumina Miseq sequencing [J]. Journal of Soils and Sediments，18（3）：1029–1040.

YANG Y，DOU Y，AN S，2018b. Testing association between soil bacterial diversity and soil carbon storage on the Loess Plateau [J]. Science of the Total Environment，626：48–58.

YU G，JIA Y，HE N，et al.，2019. Stabilization of atmospheric nitrogen deposition in China over the past decade [J]. Nature Geoscience，12（6）：1-6.

YU G X，CHENG S L，FANG H J，et al.，2018. Responses of soil nitrous oxide flux to soil environmental factors in a subtropical coniferous plantation：a boundary line analysis [J]. European Journal of Soil Biology，86：16-25.

YU Y，ZHANG J，CHEN W，et al.，2014. Effect of land use on the denitrification，abundance of denitrifiers，and total nitrogen gas production in the subtropical region of China [J]. Biology and Fertility of Soils，50（1）：105-113.

YUAN H J，QIN S P，DONG W X，et al.，2019. Denitrification rate and controlling factors for accumulated nitrate in the deep subsoil of intensive farmlands：a case study in the North China Plain [J]. Pedosphere，29（4）：516-526.

ZENG J，LIU X J，SONG L，et al.，2016. Nitrogen fertilization directly affects soil bacterial diversity and indirectly affects bacterial community composition [J]. Soil Biology and Biochemistry，92：41-49.

ZHANG J，CAI Z，MULLER C，2018a. Terrestrial N cycling associated with climate and plant-specific N preferences：a review [J]. European Journal of Soil Science，69（3）：488-501.

ZHANG J B，CAI Z C，ZHU T B，2011a. N_2O production pathways in the subtropical acid forest soils in China [J]. Environmental Research，111（5）：643-649.

ZHANG J B，ZHU T B，CAI Z C，et al.，2011b. Nitrogen cycling in forest soils across climate gradients in Eastern China [J]. Plant and Soil，342（1-2）：419-432.

ZHANG L M，HU H W，SHEN J P，et al.，2012. Ammonia-oxidizing archaea have more important role than ammonia-oxidizing bacteria in ammonia oxidation of strongly acidic soils [J]. The ISME Journal，6（5）：1032-1045.

ZHANG T A，CHEN H Y H，RUAN H H，2018b. Global negative effects of nitrogen deposition on soil microbes [J]. The ISME Journal，12（7）：1817-1825.

ZHANG W，MO J，YU G，et al.，2008. Emissions of nitrous oxide from three tropical forests in Southern China in response to simulated nitrogen deposition [J]. Plant and Soil，306（1）：221-236.

ZHANG X，DUAN P P，WU Z，et al.，2019. Aged biochar stimulated ammonia-oxidizing archaea and bacteria-derived N_2O and NO production in an acidic vegetable soil [J]. Science of the Total Environment，687：433–440.

ZHANG Y，YANG Q，ZHANG Y，et al.，2021. Shifts in abundance and network complexity of coral bacteria in response to elevated ammonium stress [J]. Science of the Total Environment，768：144631.

ZHAO B，RAN X C，AN Q，et al.，2019. N_2O production from hydroxylamine oxidation and corresponding hydroxylamine oxidoreductase involved in a heterotrophic nitrifier *A. faecalis* strain NR [J]. Bioprocess and Biosystems Engineering，42（12）：1983–1992.

ZHENG M H，ZHANG T，LIU L，et al.，2016. Effects of nitrogen and phosphorus additions on nitrous oxide emission in a nitrogen-rich and two nitrogen-limited tropical forests [J]. Biogeosciences，13（11）：3503–3517.

ZHONG L，ZHOU X Q，WANG Y F，et al.，2017. Mixed grazing and clipping is beneficial to ecosystem recovery but may increase potential N_2O emissions in a semi-arid grassland [J]. Soil Biology and Biochemistry，114：42–51.

ZHOU J，JIANG X，ZHOU B K，et al.，2016. Thirty four years of nitrogen fertilization decreases fungal diversity and alters fungal community composition in black soil in northeast China [J]. Soil Biology and Biochemistry，95：135–143.

ZHU F，YOH M，GILLIAM F S，et al.，2013. Nutrient limitation in three lowland tropical forests in Southern China receiving high nitrogen deposition：insights from fine root responses to nutrient additions [J]. Plos One，8（12）：e82661.

ZHU J X，HE N P，WANG Q F，et al.，2015. The composition，spatial patterns，and influencing factors of atmospheric wet nitrogen deposition in Chinese terrestrial ecosystems [J]. Science of the Total Environment，511：777–785.

ZHU X，SILVA L C R，DOANE T A，et al.，2013b. Quantifying the effects of green waste compost application，water content and nitrogen fertilization on nitrous oxide emissions in 10 agricultural soils [J]. Journal of Environmental Quality，42：912–918.

ZUMFT W G，1997. Cell biology and molecular basis of denitrification [J]. Microbiology and Molecular Biology Reviews，61（4）：533–536.